# 膳叔的快手儿童营养餐

膳叔涨健食 / 有瓜有娄 主理人 陈 伟 主编
解放军总医院第八医学中心营养科主任 左小霞 审定

化学工业出版社
·北京·

## 内容简介

孩子不爱吃饭怎么办？每天绞尽脑汁地给孩子做饭，还是做不出花样来怎么办？如何搭配，才能给孩子提供全面的营养？如何简单快速地做出一顿美味的营养餐呢？

有了这本《膳叔的快手儿童营养餐》，爸爸妈妈再也不为孩子吃饭的问题头疼了。书中介绍了100道好吃又好做的儿童营养餐，有主食、下饭菜、加餐小食、趣味便当、水果饮品和节日美食，既满足儿童日常所需，又可以在特殊节日里为孩子制造惊喜。

书中的每一道营养餐都配有二维码视频，扫一扫轻松学。

**图书在版编目（CIP）数据**

膳叔的快手儿童营养餐 / 陈伟主编. —北京：化学工业出版社，2021.1

ISBN 978-7-122-37821-7

I. ①膳… II. ①陈… III. ①儿童－保健－食谱 IV. ① TS972.162

中国版本图书馆 CIP 数据核字（2020）第 185241 号

责任编辑：丰 华 李 娜　　文字编辑：王 雪

责任校对：刘 颖　　装帧设计：锋尚设计

出版发生：化学工业出版社（北京市东城区青年湖南街 13 号 邮政编码 100011）

印 装：北京华联印刷有限公司

787mm × 1092mm 1/16 印张 13¾ 字数 400 千字 2021 年 4 月北京第 1 版第 1 次印刷

购书咨询：010-64518888 售后服务：010-64518899

网 址：http://www.cip.com.cn

凡购买本书，如有缺损质量问题，本社销售中心负责调换。

**定 价：68.00 元**

# 前言

在这些年的饮食营养科普与育儿实践指导中，我们发现一个普遍的现象。很多家长对孩子婴幼儿时期的饮食营养是极度重视的，无论是奶粉的选择，还是辅食的添加，都非常用心。而等到孩子过了3周岁，乳牙全部长齐，可以上幼儿园了，家长对孩子饮食营养的重视程度就跟高考结束了一样，整个放松了一大截儿。这种心态真心要不得，孩子成长的每个阶段都很关键，都不能轻易松懈。3周岁以后，孩子的消化系统日趋完善，饮食方式已经非常接近成年人。从这时开始，培养良好的饮食习惯，让孩子每天都能从饮食中摄取均衡且全面的必需营养素，对孩子一生的健康都至关重要。

要做好这些，首先得学会合理地安排孩子的营养配餐。不过，营养配餐谈何容易，想成为一名真正的营养配餐高手，既要了解各种人体必需营养素的知识，又要熟悉各种类型的食材，还要有一定的烹饪功底，更要熟练掌握各种计算公式。面对身为非专业营养师的家长，我们把这套系统的理论化繁为简，整理出一套连小朋友在家长的引导下都能轻松掌握的懒人营养配餐法则，我将它命名为**“三块四拳儿童配餐法”**。

所谓三块，就是把每一顿正餐的饮食类型分成三大模块，分别是碳水化合物主食、高蛋白食材与蔬菜。碳水化合物主食主要包括谷类、薯类以及它们的加工制品；高蛋白食材主要包括禽畜肉类、水产品、蛋类、乳制品以及大豆制品；蔬菜就是除薯类、杂豆类等碳水化合物或蛋白质含量较高的食材外的所有蔬菜。而所谓四拳，指的就是这三大模块加起来，每餐要吃到相当于孩子自身4个拳头大小的分量，分别是**碳水化合物主食1.5个拳头、高蛋白食材1个拳头、蔬菜1.5个拳头**。

之所以选择用每个孩子自己的拳头大小作为参照物，是因为孩子是不断成长的，在每个年龄段对食物的需求量也一直在变化，固定大小的参照物很难持续适用，而拳头的大小一般会随着孩子的成长而变大。非常凑巧的是，每个人自己的拳头大小，刚好跟自己每一餐要吃的三大模块食物的分量有着很强的可比性。再加上用拳头对比非常的方便，孩子每餐要吃多少食物，只要伸出拳头比一比就能轻松搞定，省心又省时。

# 目录

## 主食

# 下饭菜

# 加餐小食

## 水果饮品



## 趣味便当



## 节日美食

营养米饭

（6道）

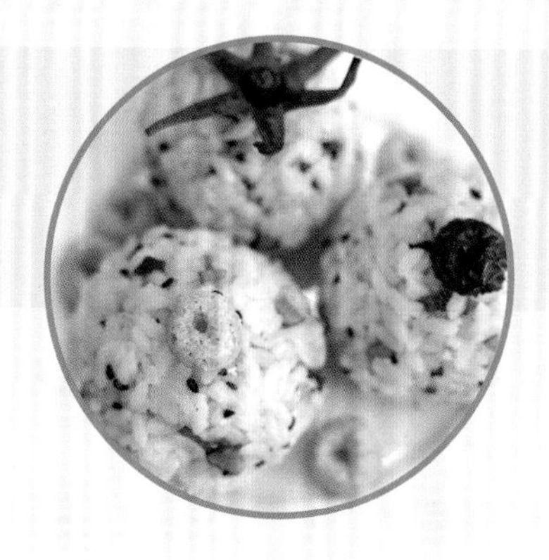

寿司饭团

（5道）

百变吐司

（5道）

面食

（7道）

主食

| 营养米饭 6 道 |

# 番茄焖饭

## 食材

番茄 > 1个
大米 > 1碗
香菇 > 3朵
火腿肠 > 1根
洋葱 > 1/2个
胡萝卜 > 1/2根
毛豆 > 1小碟
玉米粒 > 1小碟
生抽 > 2勺
蚝油 > 1勺

## 做法

1 大米、毛豆、玉米粒洗净，番茄切十字花刀备用。
2 香菇、火腿肠、洋葱、胡萝卜洗净，切丁备用。
3 大米倒进电饭锅里，将前面备好的食材依次放进去，番茄最后放。
4 淋上生抽、蚝油，加入适量水，选择蒸饭模式。
5 饭煮好后，将番茄去皮，用勺子把番茄捣烂，搅拌均匀即可。

特色点评
谷类与豆类是绝佳的组合搭配，营养素可互补，有饭、有菜、有肉，营养丰富。
宝宝打分

| 营养米饭 6 道 |

# 栗子焖饭

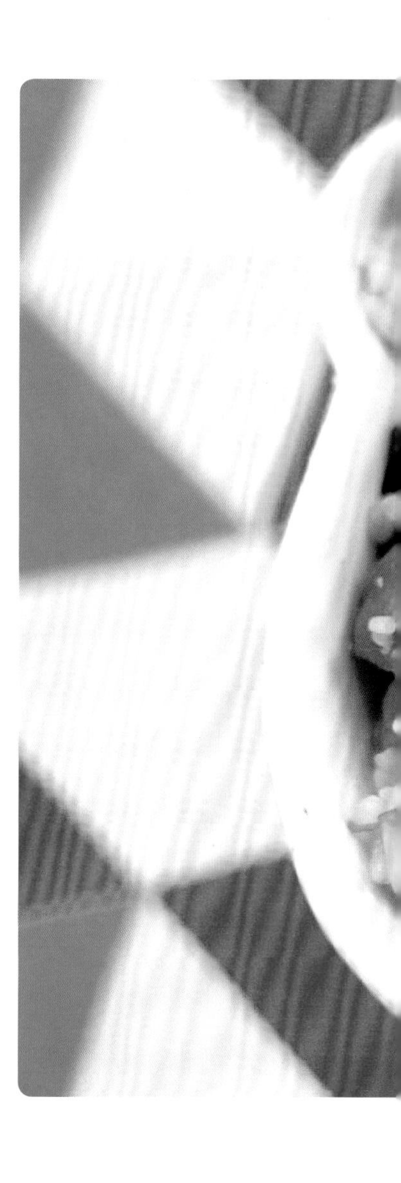

## 食材

板栗 > 1小碗
大米 > 1碗
火腿 > 1根
干香菇 > 5朵
生抽 > 1勺
蚝油 > 1勺
油 > 3ml
盐 > 2g
葱花 > 少许

## 做法

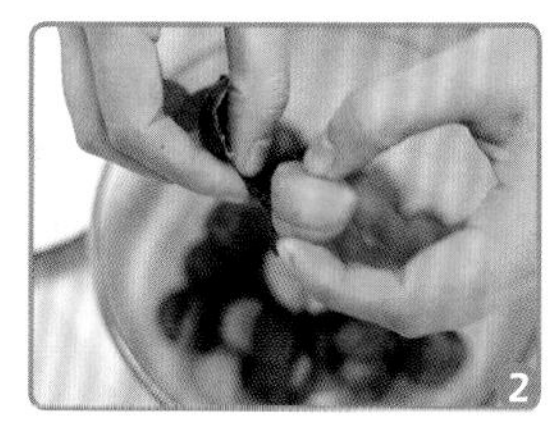

1 板栗洗净切口，倒入锅中焯水3min，水中加些盐，板栗更容易去壳。
2 板栗去壳；干香菇洗净泡发，与火腿一起切小块备用。
3 将大米、板栗仁、香菇块、火腿块倒入电饭锅中，加清水没过食材1cm。
4 锅里加入生抽、蚝油、油、盐，稍微搅拌几下。
5 电饭锅选择蒸饭模式，蒸熟后撒上少许葱花即可。

特色点评

坚果、菌类与主食搭配，更利于孩子增强记忆力。

| 营养米饭 6 道 |

# 蛋香芝士饭

## 食材

米饭 > 1大碗
芝士 > 2片
鸡蛋 > 2枚
培根 > 2片
彩椒 > 适量
黑芝麻、葱花 > 各少许

## 做法

1 彩椒洗净切丁，培根切碎。
2 把培根碎和彩椒丁拌在米饭里。
3 将拌好的米饭倒在耐热容器中，在拌饭表面打入鸡蛋。
4 将芝士片盖在鸡蛋上，再撒少许黑芝麻。
5 放入预热180℃的烤箱中，烤10分钟，取出撒上葱花即可。

特色点评

鸡蛋是富含蛋白质的食物，还可以健脑，芝士可提味壮骨。

## 食材

南瓜 > 200g
火腿 > 4根
大米 > 1碗
黄瓜 > 1根
西蓝花、小番茄、盐、生抽、油 > 各少许

## 做法

1 将南瓜去皮，切成小块。
2 倒入淘好的大米中，加盐蒸熟。
3 将火腿、黄瓜切丁，加少许油、生抽翻炒。
4 将炒好的火腿丁、黄瓜丁和蒸熟的南瓜饭搅拌均匀。
5 西蓝花切小朵，焯熟；小番茄对半切开。
6 摆盘后装饰即可。

宝宝打分
特色点评
南瓜富含胡萝卜素，有助于保护孩子的眼睛、肌肤和黏膜。

| 营养米饭 6 道 |

# 南瓜排骨焖饭

## 食材

| | |
|---|---|
| 南瓜 > 300g | 蚝油 > 1勺 |
| 排骨 > 200g | 生抽 > 1勺 |
| 大米 > 200g | 老抽 > 1/2勺 |
| 胡萝卜 > 100g | 盐、姜、油、料酒 > 各少许 |
| 玉米粒 > 50g | |

## 做法

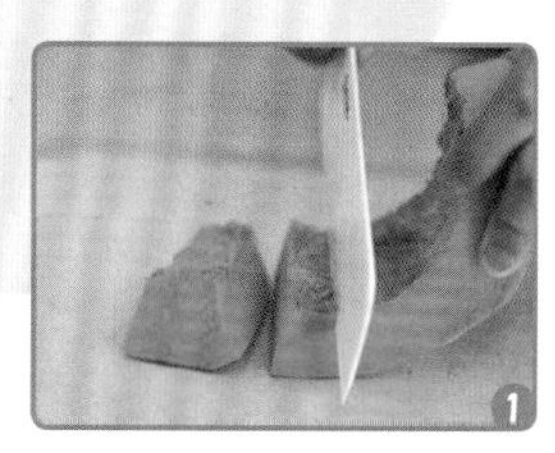

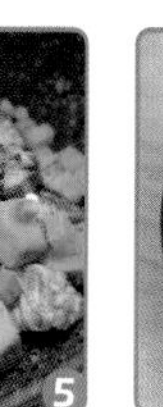

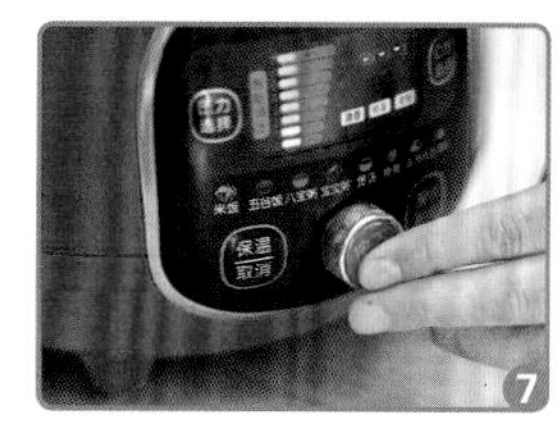

1 南瓜去皮切块，胡萝卜切丁，排骨斩块，姜切片。
2 排骨下入冷水锅中，加姜片和料酒，焯水2min，捞出沥干。
3 少油热锅，放入姜片，倒入排骨，小火煎至排骨微黄。
4 倒入南瓜块和胡萝卜丁翻炒均匀。
5 南瓜炒至表面微微透明时，加生抽、蚝油、老抽、盐调味，关火。
6 大米洗净，加入玉米粒，倒入比平时蒸饭少一些的水。
7 将炒好的南瓜胡萝卜排骨倒入锅里铺平，开启蒸饭模式。
8 煮好后搅拌均匀即可。

**特色点评**

南瓜、胡萝卜、玉米都富含胡萝卜素，强强联合，增强孩了抵抗力。

# 菠萝虾仁蛋炒饭

## 食材

| | |
|---|---|
| 菠萝 > 1个 | 米饭 > 2碗 |
| 虾仁 > 10只 | 番茄 > 1个 |
| 培根 > 2片 | 盐 > 1小勺 |
| 洋葱 > 1/2个 | 生抽 > 1小勺 |
| 鸡蛋 > 3枚 | 油 > 少许 |

## 做法

1 取菠萝果肉切块，培根、番茄、洋葱切块备用。
2 将鸡蛋炒至半熟，捞出备用。
3 少油热锅，翻炒虾仁及培根块。
4 再加入洋葱块、菠萝块、番茄块、米饭一同翻炒。
5 加少许盐、生抽调味翻炒。
6 倒入炒鸡蛋。
7 继续翻炒到均匀。
8 用菠萝壳盛炒饭，摆盘装饰即可。

**特色点评**

虾仁搭配米饭，可以为孩子提供优质蛋白质和钙质，利于孩子长高。

## 食材

米饭 > 2碗
海苔 > 4片
鸡蛋黄 > 2个
紫薯 > 1个
黄瓜 > 1根
火腿肠 > 2根
胡萝卜 > 1根
寿司醋 > 3勺

## 做法

1 火腿肠、胡萝卜切条，胡萝卜条焯水后备用；紫薯蒸熟压成泥。

2 将米饭分成3份，各加1勺寿司醋搅拌均匀。

3 取两份寿司饭，分别放入鸡蛋黄、紫薯泥搅拌均匀，做成黄米饭和紫米饭，分别平铺在海苔上。

4 白寿司饭平铺在海苔上，卷入黄瓜，再依次放在铺满黄米饭、紫米饭的海苔上卷起来。

5 将卷好的寿司剖开切成4份，用2份反向叠成正方形下部分。

6 在正方形的中间放上火腿肠条、胡萝卜条，再反向叠上另2份寿司。

7 用一张海苔把寿司卷成方形。

8 将方形寿司切成小段，摆盘装饰即可。

**特色点评**

这道方形寿司富含膳食纤维，利于孩子润肠通便。

| 寿司饭团 5 道 |

# 花朵寿司

## 食材

米饭 > 1碗
黄瓜 > 1根
火腿肠 > 3根
海苔 > 6片
寿司醋 > 1勺
盐、糖 > 各少许

## 做法

1 蒸好的米饭趁温热倒入寿司醋（若没有现成的，也可用白醋、糖、盐调制），搅拌均匀后放凉备用。
2 黄瓜切条，加盐和糖腌制5min。
3 在寿司帘上放一片海苔，将寿司饭均匀地铺在海苔上。
4 再取些寿司饭，捏成两条约1cm宽的长条摆在上面。
5 用另一张海苔覆盖在寿司饭表面，用手沿食材高低处压紧。
6 将一整根火腿肠摆放在两个高处中间，黄瓜条摆放在两边。
7 用寿司帘将其卷起，按压紧实后切厚片即可，将剩余食材依次做完。

特色点评

这道花朵寿司清新可口不油腻，不会让孩子长胖。

| 寿司饭团 5 道 |

# 培根小饭团

## 食材

培根 > 7片
米饭 > 1碗
胡萝卜 > 1/2根
青椒 > 1/2个
肉松 > 1小勺
黑芝麻 > 1勺
生抽 > 适量
油 > 少许

## 做法

1 米饭蒸熟，放至温热备用。
2 胡萝卜、青椒切丁，少油翻炒，加生抽调味盛出。
3 将炒好的蔬菜丁与黑芝麻、米饭搅拌均匀。
4 取一小团饭压平，中间包上肉松，做成小饭团。
5 将培根煎熟后卷上小饭团即可。

特色点评
这道饭团护眼健脑，还有利于预防贫血。
宝宝打分

| 寿司饭团 5 道 |

# 鹌鹑蛋小饭团

## 食材

鹌鹑蛋 > 9颗
米饭 > 2碗
黑芝麻 > 1勺
红枣 > 4颗
燕麦碎 > 1勺
酱油 > 1勺
糖 > 1/2勺
盐 > 少许

## 做法

1 先蒸好米饭备用。
2 鹌鹑蛋煮熟后去壳。
3 将鹌鹑蛋放入锅中，再放入盐、酱油、糖煮入味后备用。
4 红枣取肉切碎，与黑芝麻、燕麦碎一起加入米饭中，搅拌均匀。
5 取适量米饭，在中间放入鹌鹑蛋，捏成饭团即可。

特色点评
这道饭团富含优质蛋白质，有助于增强身体的抵抗力。
宝宝打分

| 寿司饭团 5 道 |

# 彩蔬肉松饭团

## 食材

米饭 > 1碗
胡萝卜 > 1/2根
肉松、西蓝花、熟玉米粒 > 各适量
寿司醋 > 2勺
盐、熟黑芝麻 > 各少许

## 做法

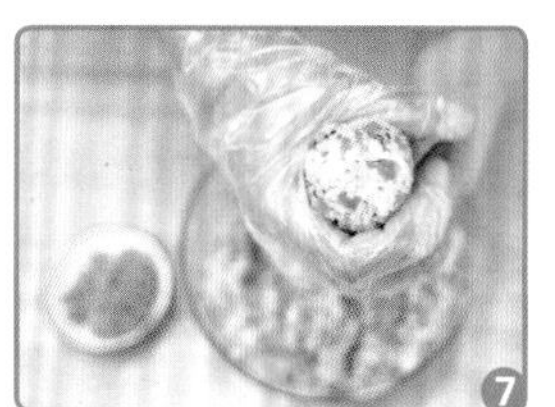

1 西蓝花和胡萝卜洗净切块，投入放有盐的沸水中焯熟。
2 把西蓝花块和胡萝卜块切碎。
3 米饭加寿司醋搅拌均匀。
4 把蔬菜碎和熟玉米粒倒入米饭中抓匀。
5 加入黑芝麻拌匀。
6 取张保鲜膜，放入适量米饭。
7 用米饭包上肉松，捏成饭团即可。

特色点评

这道饭团营养丰富，色泽悦目，可以增强孩子的食欲。

| 百变吐司 5 道 |

# 网格西多士

## 食材

牛奶 > 100ml
糖 > 10g
吐司 > 3片
鸡蛋 > 1枚

## 做法

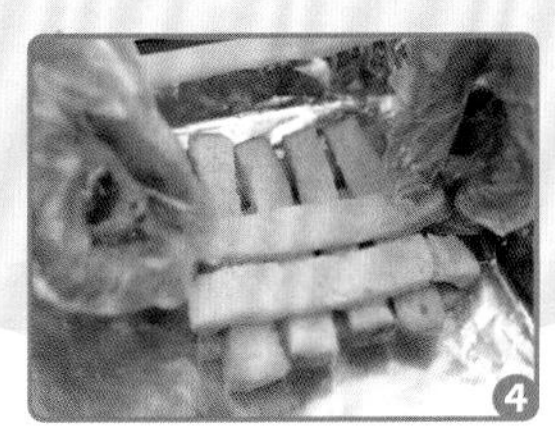

1 把吐司切成1cm宽的条备用。
2 鸡蛋打入牛奶中，加入糖搅拌均匀。
3 把土司条放进去浸泡，均匀吸收牛奶蛋液备用。
4 烤盘铺上锡纸，将吐司条横竖交叉排好，一层一层加上去。
5 放入预热150℃的烤箱中，烤15min，烤至表面上色后取出。
6 再用一张锡纸盖上继续烤2～3min。
7 摆盘后装饰即可，可以搭配蓝莓酱食用。

特色点评

这道菜富含优质蛋白质，不仅利于孩子生长发育，还可增强免疫力。

宝宝打分

| 百变吐司 5 道 |

# 吐司培根挞

## 食材

吐司 > 4片
培根 > 2片
鸡蛋 > 2枚
奶酪 > 50g
小番茄 > 8颗
油 > 适量

## 做法

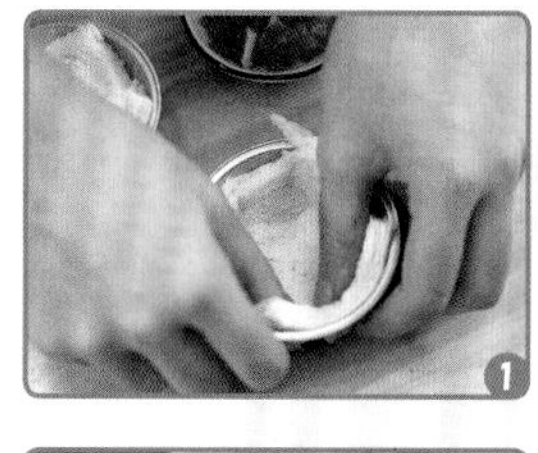
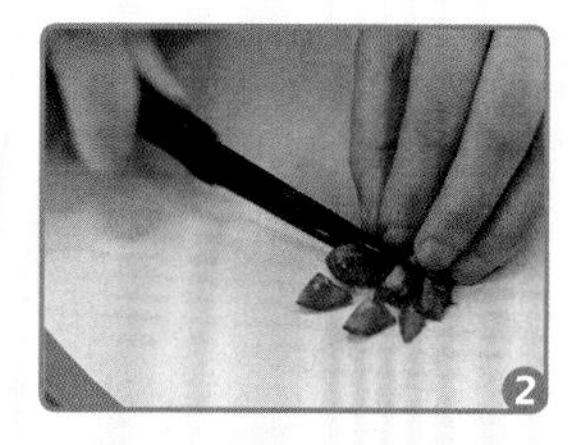

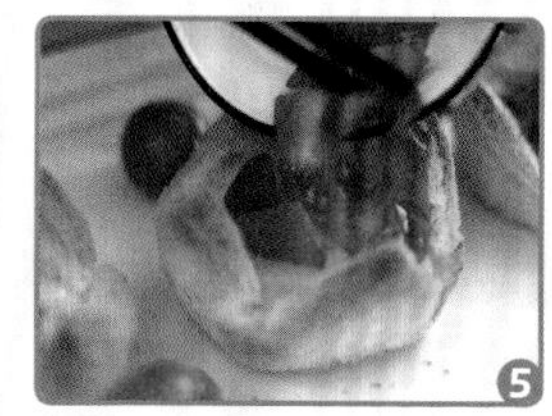

1 蛋挞托内壁刷油，放入切去四边的吐司。
2 小番茄和培根切丁，奶酪切碎备用。
3 碗中打入鸡蛋，与培根丁、奶酪碎混合均匀备用。
4 将混合的鸡蛋液倒在吐司上，放进预热160℃的烤箱烤10min。
5 烤好后取出，将小番茄丁摆在吐司挞上即可。

\特色点评/

这道菜富含优质蛋白质、钙和维生素，这些都是对孩子生长非常重要的营养素。

| 百变吐司 5 道 |

# 香蕉吐司卷

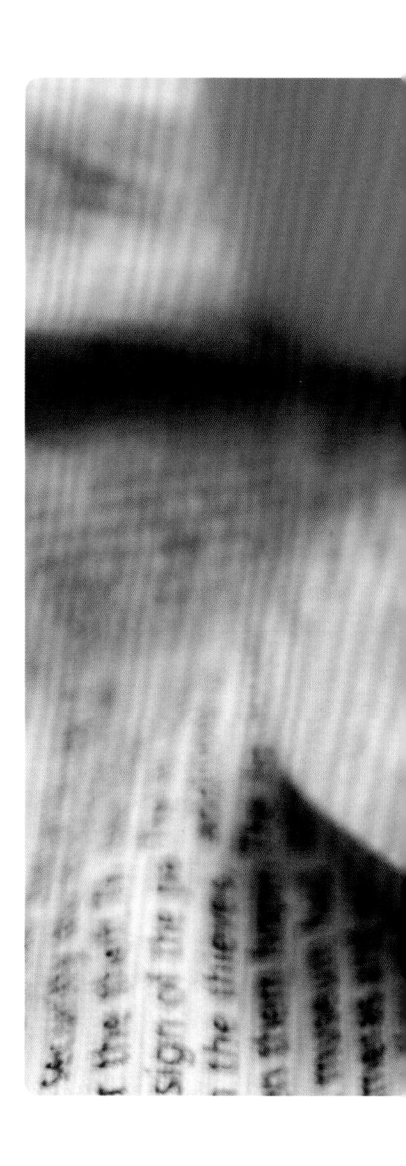

## 食材

吐司 › 2片
牛油果 › 1个
香蕉 › 2根

## 做法

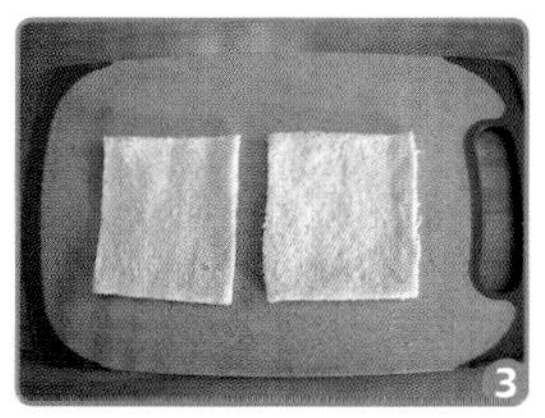


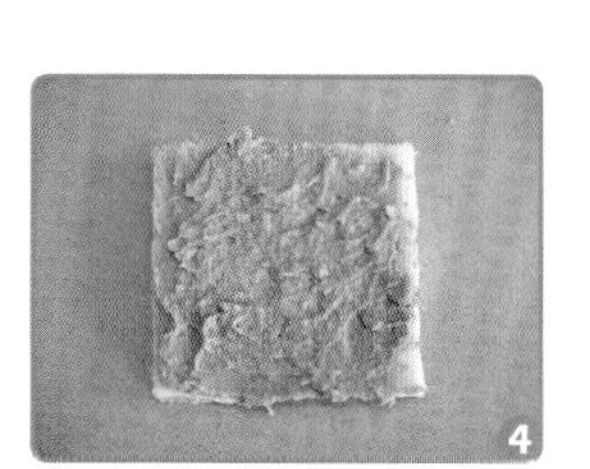


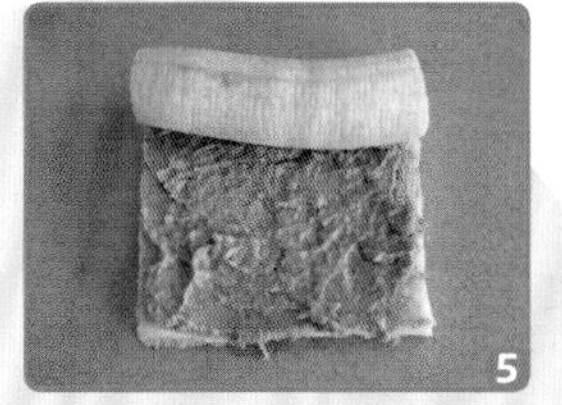

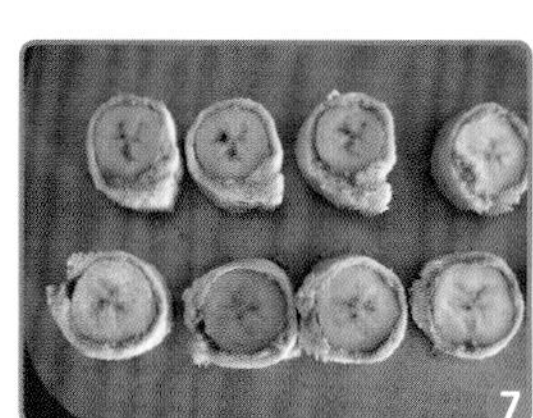

1 牛油果切两半，去除果核，取出果肉，切成块。
2 将牛油果块用料理机捣成泥。
3 切掉吐司边，用擀面杖将吐司擀薄。
4 把牛油果泥均匀地涂抹在吐司上。
5 香蕉去皮，放在吐司一端，切去两头多余的部分。
6 用吐司卷好香蕉，轻轻按压卷实。
7 把吐司卷切小段即可。

**特色点评**

牛油果与香蕉均富含膳食纤维，可帮助孩子预防便秘。

| 百变吐司 5 道 |

# 太阳蛋烤吐司

## 食材

- 吐司 > 4片
- 鸡蛋 > 2枚
- 火腿肠 > 2根
- 芝士碎 > 适量
- 豌豆 > 30g
- 玉米粒 > 30g

## 做法

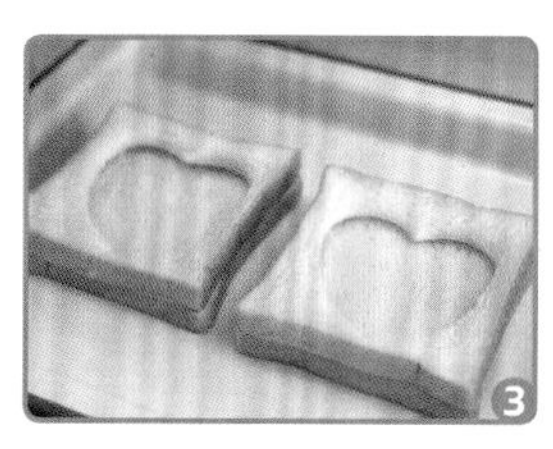

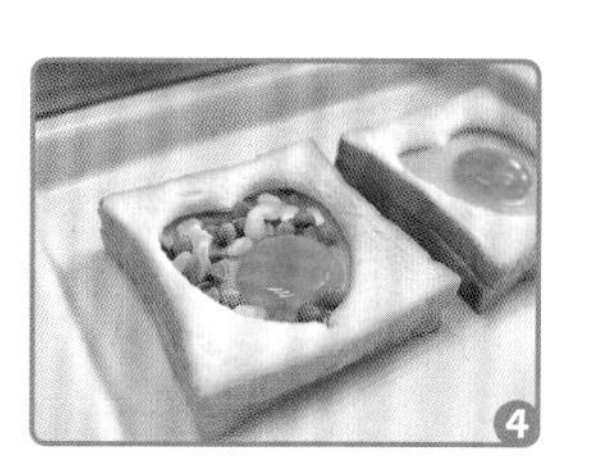

1 豌豆和玉米粒洗净，火腿肠切丁备用。
2 把2片吐司用模具挖空。
3 将挖空的吐司叠在完整的吐司上。
4 把鸡蛋打入吐司中间，放上蔬菜丁和火腿丁。
5 在表面均匀撒上一层芝士碎。
6 放入预热165℃的烤箱，烤10分钟。
7 烤至芝士融化，鸡蛋凝固即可。

**特色点评**

豆类与粗粮是孩子的饮食中容易缺乏的食材，这样搭配孩子会更喜爱。

| 百变吐司 5 道 |

# 七星瓢虫三明治

## 食材

吐司 › 2片
鸡蛋 › 1枚
蓝莓酱 › 1勺
番茄酱、芝麻 › 各少许

## 做法

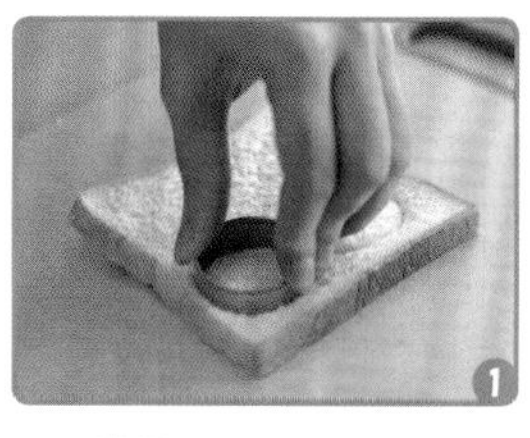
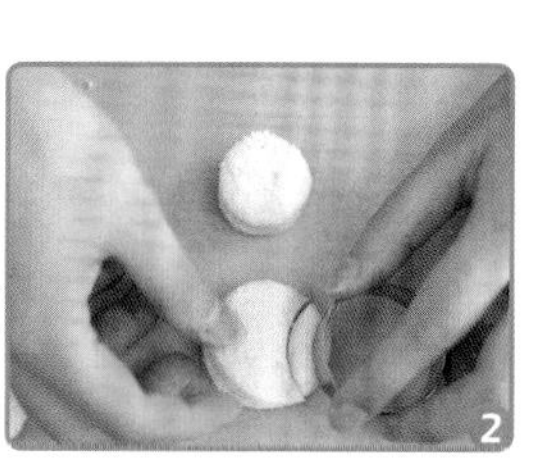

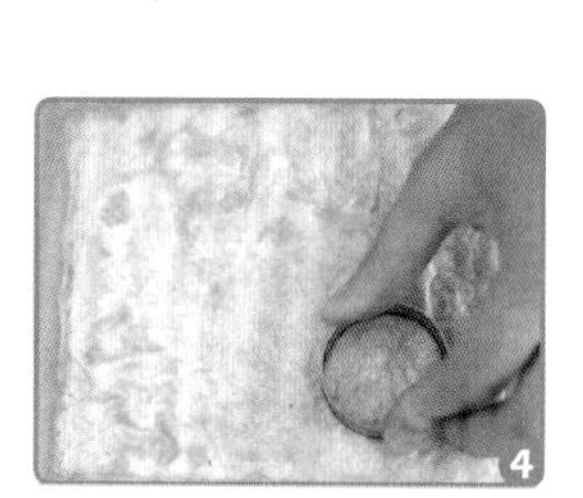
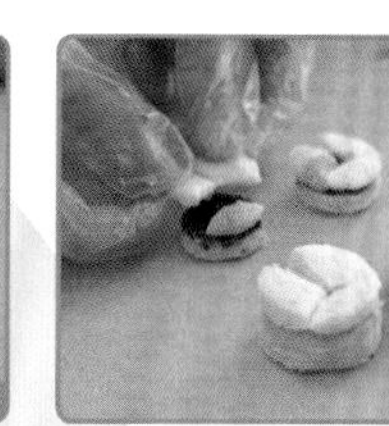

1 用圆形模具在每片吐司上切出两大两小的圆形面包片。
2 将两张大小一样的面包片叠在一起，切出瓢虫的造型。
3 鸡蛋打散，用小火煎成蛋皮。
4 切出和大圆面包片一样大的蛋皮。
5 将蛋皮放在大圆面包片上，小圆面包片涂上蓝莓酱。
6 将瓢虫造型的面包片放在最上面。
7 用芝麻、番茄酱、蓝莓酱做出瓢虫的眼睛和斑点即可。

特色点评

蓝莓、番茄、芝麻，对血管、视力、心脏有益处。

| 面食 7 道 |

# 贝壳馒头

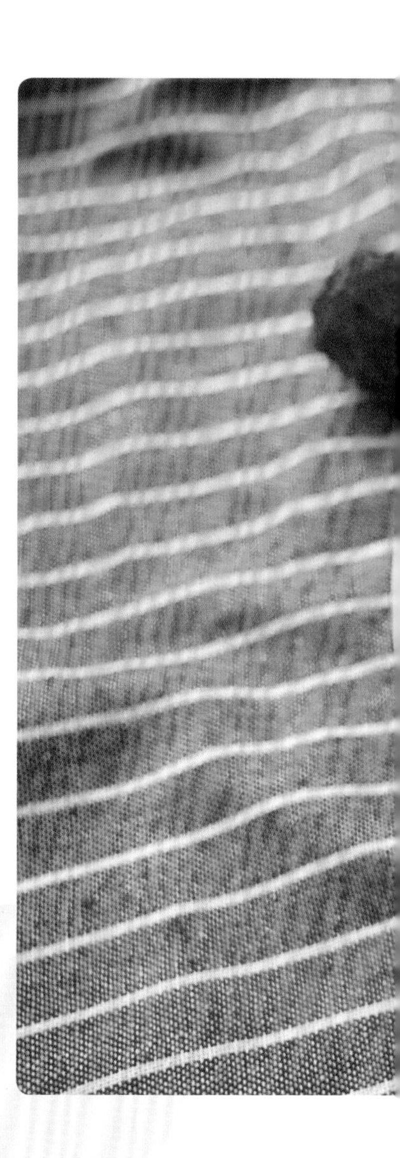

## 食材

中筋面粉 > 250g
酵母 > 4g
泡打粉 > 3g
糖 > 15g
温水 > 135ml

## 做法

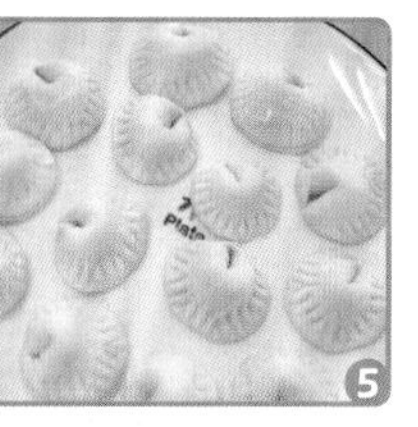

1 中筋面粉里加入酵母、泡打粉、糖搅拌均匀。
2 分次倒入温水，把面粉搅拌成絮状，揉至面团光洁细腻。
3 先将面团搓成长条，再分成小剂子。
4 将小剂子擀成圆饼状，刷油后对折，将两头捏起，做成扇贝的形状，在表面压出花纹。
5 放在室内静置醒30min。
6 将醒好的贝壳馒头上蒸锅，上汽后蒸约10min即可。
7 可以直接吃，也可以搭配火腿片和芝士片食用。

**特色点评**

讨人喜欢的外形，让孩子开开心心吃饭。

|面食7道|

# 玉米大馒头

## 食材

面粉 > 300g
南瓜 > 100g
牛奶 > 100ml
糖 > 15g
酵母 > 3g

## 做法

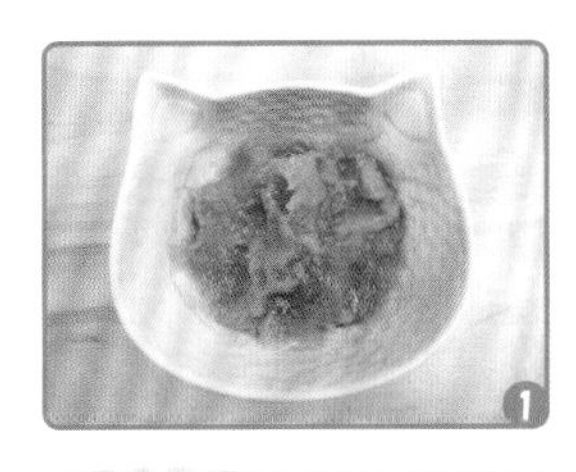

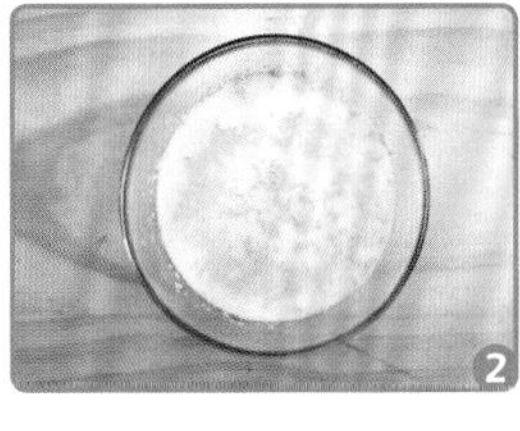

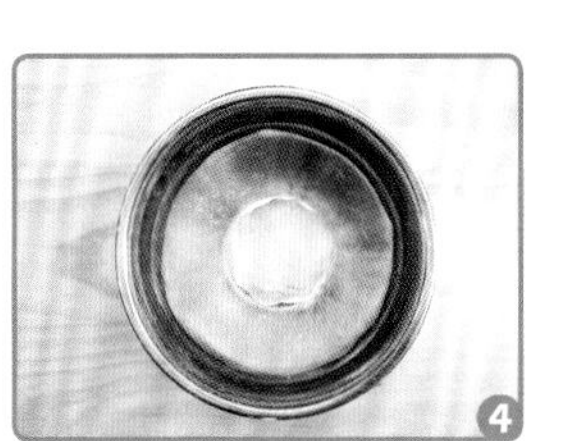

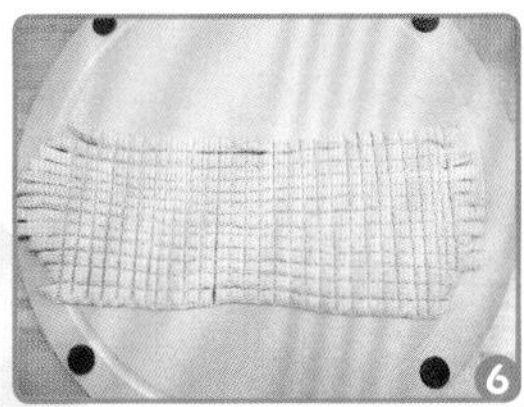

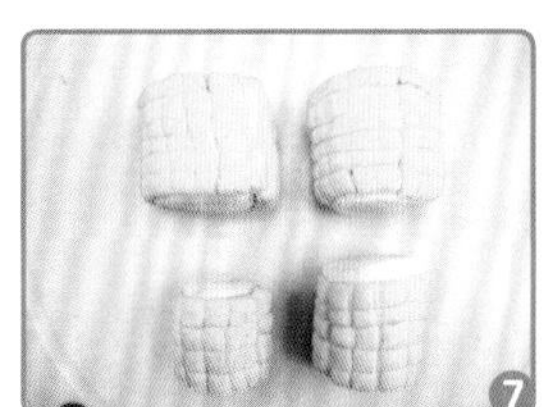

1 南瓜去皮切块，上锅蒸熟后捣成泥。
2 将糖和1.5g酵母倒入牛奶中，搅拌均匀。
3 将牛奶少量多次地倒入一半的面粉中，揉成白面团，盖上保鲜膜发酵。
4 剩下的面粉加入南瓜泥和1.5g酵母，揉成黄面团进行发酵。
5 将发酵好的白面团先揉成圆柱状，再切成段。
6 黄面团擀成厚片后切成长条，再搓成圆条，压出小方格。
7 将方格圆条用水粘在白色圆柱形段上，做出玉米造型，水烧开上锅蒸20min，关火再闷约3min出锅。

\特色点评/

不仅外形好玩有趣，味道还清香甜美。

| 面食 7 道 |

# 芝士烤馒头

## 食材

小馒头 > 1盒
鸡蛋 > 1枚
火腿肠 > 1根
芝士碎 > 适量
黑芝麻、盐 > 各少许

## 做法

1 小馒头横竖切成方格状，不要切断。
2 火腿肠切成丁备用。
3 把火腿肠丁和芝士碎塞入小馒头的缝隙中。
4 鸡蛋打散，加少许盐搅拌均匀，将鸡蛋液涂抹在小馒头表面。
5 撒少许黑芝麻在小馒头上。
6 放入预热160℃的烤箱，烤5min，烤至表面金黄即可。

特色点评

色泽艳丽，讨人喜欢，还能补充蛋白质、钙、铁等营养素。

## 食材

低筋面粉 > 100g
南瓜 > 50g
奶粉 > 20g
酵母 > 1g
温水 > 10ml
糖 > 2g
油 > 适量

## 做法

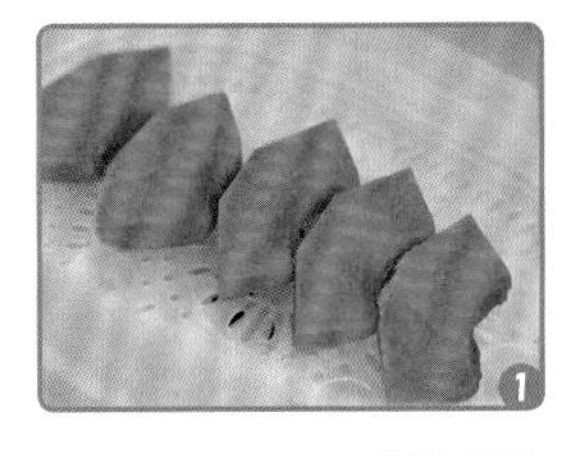

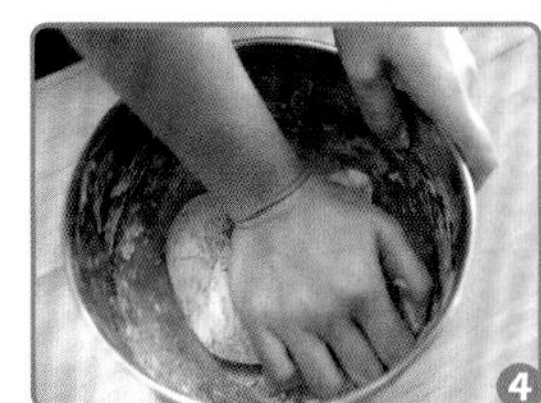
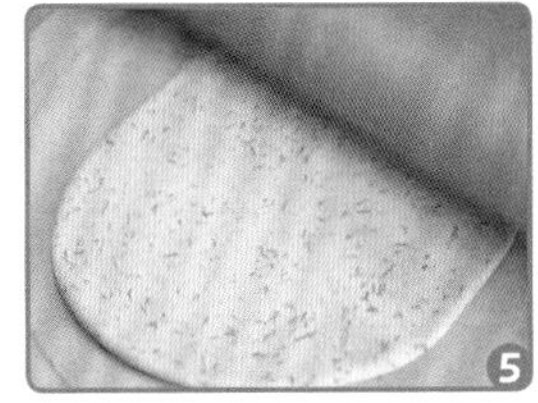

1 南瓜洗净，去皮切片，上锅蒸15min。
2 把蒸熟的南瓜压成泥，越细越好。
3 在南瓜泥中加入奶粉、酵母、糖，搅拌均匀。
4 继续加入低粉面粉和温水搅拌成絮状，再揉成光滑的面团。
5 用擀面杖把面团压成1cm厚的面片，再用模具压出形状。
6 将小馒头放在温暖的地方，发酵20min，使体积膨胀至2倍大。
7 平底锅刷油，把发酵好的小馒头用小火两面煎熟。
8 摆盘装饰即可。

## 特色点评

南瓜与奶粉、面粉的碰撞，不[illegible]，同时也能[illegible]质、胡萝卜素和[illegible]维。

宝宝打分

|面食7道|

# 猪肝菠菜面

## 食材

中筋面粉 > 250g
菠菜 > 100g
猪肝 > 50g
香菇 > 3朵
盐 > 1小勺
油 > 1小勺

## 做法

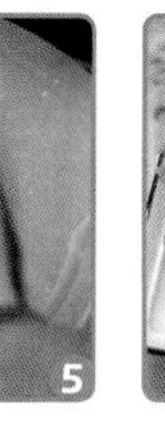
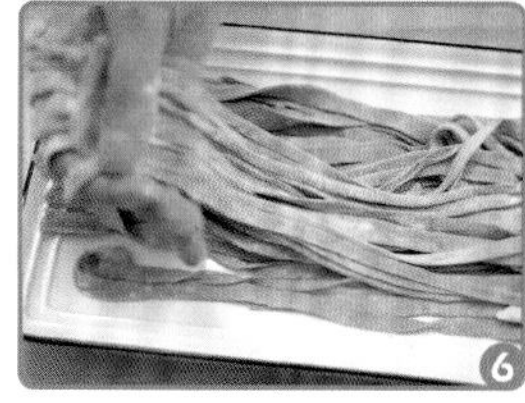

1 菠菜洗净切段，放到加有少许盐和油的沸水中焯烫5s捞起；香菇部分切片，部分切花刀备用。
2 待菠菜晾凉后，加少许清水打成汁备用。
3 先倒入一部分菠菜汁到面粉中，拌成絮状。
4 再少量多次地把剩下的菠菜汁加到面粉中，揉成面团，醒30min。
5 将醒好的面团分成小剂子，再均匀地擀成面皮。
6 在面皮上撒一层薄面粉避免粘连，再将面皮叠在一起切成长条。
7 香菇和菠菜面下锅煮，汤沸腾后放入猪肝，猪肝变色后加盐关火。
8 摆盘装饰即可。

**特色点评**

猪肝、菠菜、香菇搭配，富含铁元素，有助于孩子预防缺铁性贫血。

| 面食7道 |

# 海鲜乌冬面

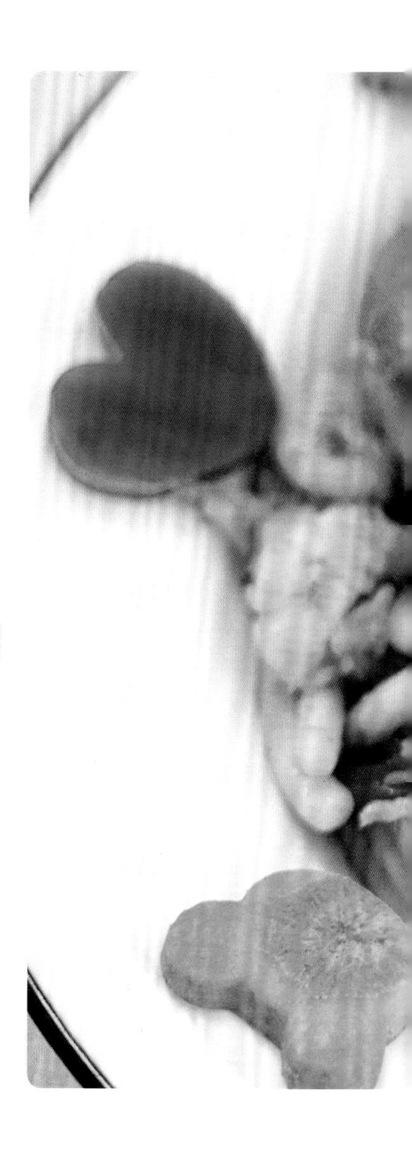

## 食材

乌冬面 › 200g
银鱼 › 小半碗
鲜虾 › 10只
青椒 › 1/2个
胡萝卜 › 小半根
洋葱 › 1/2个
生抽、盐、料酒 › 各1小勺
油 › 少许

## 做法

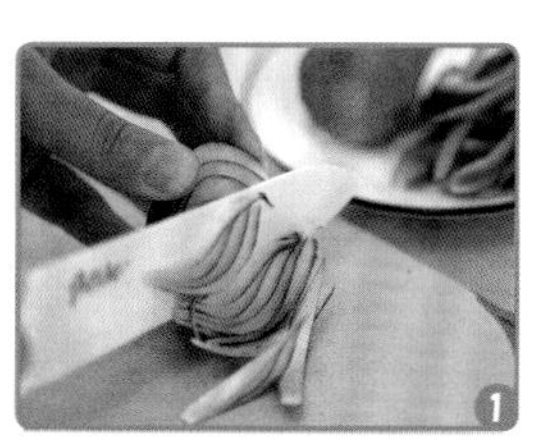

1 青椒、胡萝卜、洋葱切丝备用。
2 将银鱼洗净；鲜虾去壳、去虾线，洗净控干水分。
3 用沸水将乌冬面焯软，沥干水分备用。
4 少油热锅，放入洋葱丝炒香，加入银鱼、虾仁翻炒至微微卷起。
5 加入青椒丝、胡萝卜丝、乌冬面炒匀，最后用生抽、料酒、盐调味。

**特色点评**

鱼虾是补钙的佳品，胡萝卜、青椒是明目的佳蔬。

| 面食 7 道 |

# 南瓜虾仁意面

## 食材

鲜虾 > 10只
意面 > 100g
南瓜 > 100g
小番茄 > 6颗
黄油 > 5g
盐、蒜末 > 各适量
黑胡椒粉、橄榄油 > 各少许

## 做法

1. 南瓜去皮切块，蒸熟。
2. 鲜虾去壳、去虾线，洗净备用。
3. 意面下锅，加橄榄油和盐煮熟后过冷水备用。
4. 热锅下黄油和蒜末爆香，倒入虾仁和南瓜块。
5. 当南瓜软烂后加清水，待汤汁变浓稠后加盐、黑胡椒粉调味关火，倒入意面拌匀。
6. 放入切好的小番茄，摆盘装饰即可。

**特色点评**

这款面食不仅提供碳水化合物，同时还含有丰富的蛋白质、钙质、番茄红素，为孩子健康生长加油。

时蔬
（4道）

豆腐
（4道）

肉
（8道）

蛋
（7道）

虾
（7道）

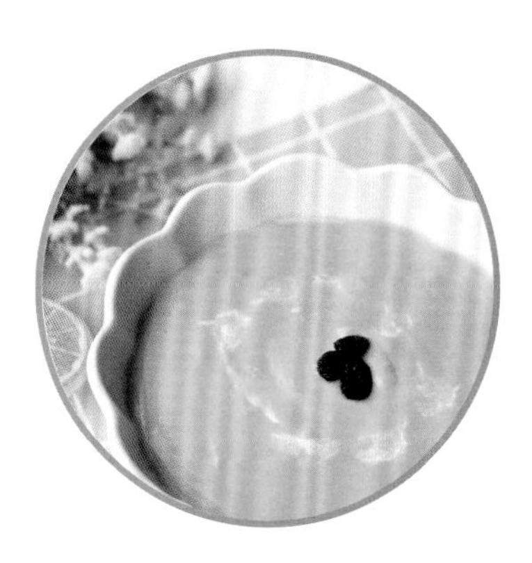

汤
（5道）

下饭菜

| 时蔬 4 道 |

# 鸡肉蔬菜卷

## 食材

饺子皮 > 20张
鸡肉 > 200g
韭黄 > 1把
豆芽 > 1小碗
胡萝卜 > 1根
娃娃菜 > 3片
油 > 1勺
盐、生抽、料酒、胡椒粉 > 各少许

## 做法

1 将多张饺子皮叠在一起，每层之间刷点油，避免粘在一起。

2 用擀面杖从饺子皮中间向周围擀开，翻面用同样的方式擀开。

3 将擀好的饺子皮放入冷水锅中，水开后再蒸约5min。

4 关火后取出，趁热将饺子皮一层层揭开。

5 娃娃菜切小块，韭黄切段，胡萝卜刨丝。将胡萝卜丝、豆芽、韭黄段、娃娃菜块一起翻炒，加盐调味。

6 鸡肉切片，加入生抽、料酒、胡椒粉腌制。热锅少油，鸡肉片下锅煎熟放凉后，撕成条并放入蔬菜中拌匀，用饺子皮包上蔬菜鸡肉条食用。

特色点评
鸡肉富含优质蛋白质、脂溶性维生素，蔬菜富含维生素、矿物质、膳食纤维，利于孩子生长发育。
宝宝打分

|时蔬4道|

# 酱汁杏鲍菇

## 食材

杏鲍菇 > 3个
油菜 > 2棵
老抽 > 1/2勺
生抽 > 1/2勺
蚝油 > 1勺
淀粉 > 1勺
油、葱花、盐 > 各少许

## 做法

1 杏鲍菇洗净切段，两面切花刀备用。
2 油菜洗净，放入加了少许油的锅中焯熟，摆放在盘子里。
3 老抽、生抽、蚝油、淀粉、盐倒入碗中，加水调匀成酱汁。
4 倒油热锅，放入葱花爆香，加入杏鲍菇翻炒至变软。
5 倒入酱汁，盖上盖炖煮3min。
6 将杏鲍菇盛放在油菜上，淋上锅中的酱汁即可。

特色点评

杏鲍菇有助于胃酸的分泌和食物的消化，其中的多糖可维持身体的免疫机能，菌类食物是非常适合孩子的。

丨时蔬4道丨

# 虾仁香菇炒油菜

## 食材

鲜虾 > 10只
干香菇 > 50g
油菜 > 200g
蒜、油、生抽、
蚝油、盐 >
各适量

## 做法

1 鲜虾洗净，去壳、去虾线。
2 油菜洗净切段，干香菇泡发切丝，蒜切末。
3 热锅下油，放入蒜末爆香，加香菇丝和虾仁翻炒均匀。
4 待虾仁炒变色后加入油菜段，加盐、生抽调味。
5 待油菜炒熟，出锅前加蚝油翻炒均匀即可。

宝宝打分
特色点评
虾中的蛋白质丰富，且肉质松软，易消化，是非常适合孩子的食物；香菇和油菜含丰富的膳食纤维，利于孩子润肠通便。

|时蔬 4 道|

# 洋葱番茄鳕鱼锅

## 食材

番茄 > 2个
鳕鱼 > 100g
洋葱 > 1/2个
西芹 > 1棵
胡萝卜 > 少许
盐、油 > 各适量

## 做法

1. 将1个番茄榨汁，另外1个番茄切块。
2. 鳕鱼、洋葱、西芹、胡萝卜洗净切块备用。
3. 少油热锅，下洋葱块爆香，再加西芹块和胡萝卜块翻炒。
4. 加入番茄块，翻炒出汁。
5. 倒入番茄汁，加少许清水煮开。
6. 加入鳕鱼块煮开后，加适量盐，转小火煮5min即可。

**特色点评**

鳕鱼中的蛋白质含量非常高，且脂肪含量极低，同时含有维生素A、维生素D和维生素E等多种维生素。鳕鱼鱼脂中含有球蛋白、白蛋白及磷的核蛋白，还含有儿童发育所必需的各种氨基酸，又容易被人体消化吸收，是非常适合孩子的食材。

# 蟹黄豆腐

## 食材

内酯豆腐 > 1盒
咸蛋黄 > 3个
蟹肉棒 > 2根
淀粉 > 1勺
毛豆、盐、油 > 各适量

## 做法

1 取出内酯豆腐，切成小块。
2 咸蛋黄用勺子碾碎，蟹肉棒切片。
3 水烧开，加少许盐，将毛豆焯熟。
4 少油热锅，倒入咸蛋黄，翻炒至起泡沫。
5 倒入蟹肉棒片一同翻炒。
6 加入一碗水，倒入豆腐块，大火煮沸。
7 淀粉加水搅匀，倒入锅中勾芡，待汤汁浓稠后关火，撒上毛豆即可。

**特色点评**

内酯豆腐口感滑嫩，蛋黄富含蛋白质、卵磷脂，滋养大脑，螃蟹中含有丰富的维生素D，能促进钙的吸收。

|豆腐4道|

# 五彩酿豆腐

## 食材

老豆腐 > 2块
虾仁 > 10只
鸡蛋清 > 1个
淀粉 > 1勺
生抽 > 1勺
蚝油 > 1勺
葱末、姜末 > 各少许
玉米粒、胡萝卜、豆角、油 > 各适量

## 做法

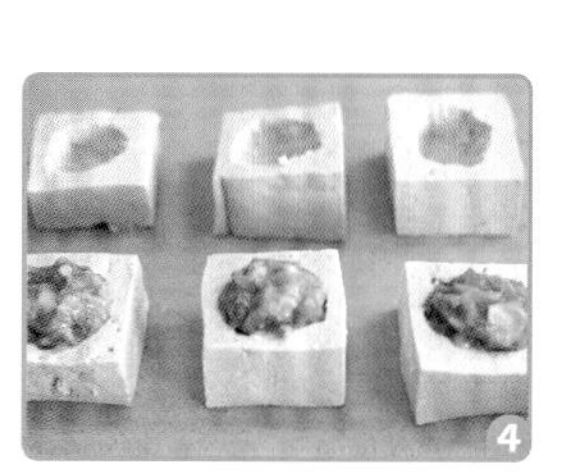

1 胡萝卜和豆角洗净切碎。
2 虾仁放入料理机打成泥，加入鸡蛋清、淀粉、生抽、葱末、姜末搅匀。
3 倒入玉米粒、胡萝卜碎和豆角碎一起搅拌均匀。
4 豆腐切小方块，在中间挖一个小圆坑，把馅料填在里面。
5 少油热锅，将有馅料的一面朝下放入锅中，小火煎2～3min。
6 煎至表面焦黄，再依次翻面煎熟。
7 把用生抽和蚝油调好的汁水倒入锅中，盖上锅盖，大火收汁即可。

**特色点评**

豆腐、虾仁、鸡蛋搭配在一起，富含优质蛋白质、钙、多种维生素和矿物质，可以增强孩子的抗病能力，还有助于壮骨健脑。

# 蚝油嫩豆腐

## 食材

嫩豆腐 > 2块
鸡蛋 > 2枚
淀粉 > 1勺
蚝油 > 2勺
生抽 > 1勺
油 > 适量
葱花 > 少许

## 做法

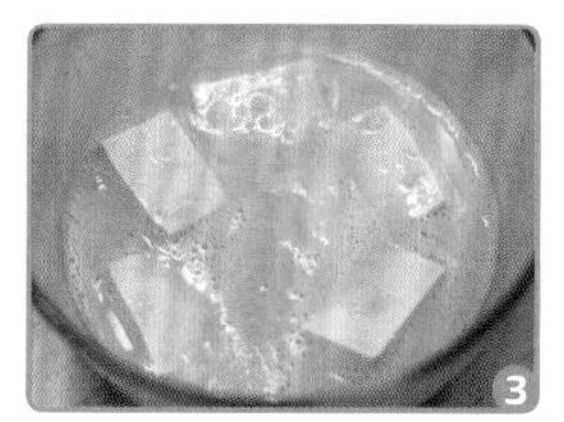
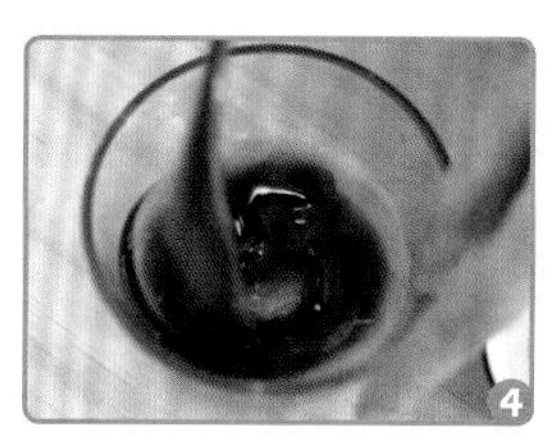

1 嫩豆腐切块备用。
2 鸡蛋加入淀粉搅拌均匀。
3 将豆腐块均匀裹上蛋液。
4 蚝油、生抽加半碗水搅匀成调料汁。
5 锅里热油，下豆腐块，煎完一面后轻轻翻面。
6 煎至豆腐块表面金黄，倒入调料汁。
7 炖煮3min，出锅前撒上葱花即可。

特色点评
豆腐被称为“植物肉”，其营养价值可与肉媲美，而且嫩豆腐口感滑嫩，非常适合孩子；鸡蛋是健脑的良好食材，这组搭配价廉物美、营养丰富。
宝宝打分

|豆腐 4 道|

# 什锦豆腐羹

## 食材

嫩豆腐 › 1块
胡萝卜 › 1/2根
木耳 › 几朵
油麦菜 › 1小把
鸡蛋 › 2枚
淀粉 › 1勺
盐、胡椒粉、
香油 › 各少许

## 做法

1 将嫩豆腐切成小块备用。
2 胡萝卜切丁，木耳切小块，油麦菜切小段。
3 水烧开下豆腐块，撇去浮沫。
4 倒入胡萝卜丁和木耳块，大火煮2min。
5 淀粉加小半碗水搅匀，入锅勾芡，加盐、胡椒粉调味。
6 转小火，鸡蛋打散缓缓倒入锅内，边倒边搅拌。
7 撒入油麦菜段，煮开后关火，加少许香油即可。

## 特色点评

嫩豆腐、鸡蛋为孩子提供优质蛋白质、钙，搭配几种蔬菜，色彩丰富，同时也提供了对孩子生长发育非常重要的胡萝卜素、维生素C、铁元素。

宝宝打分

| 肉 8 道 |

# 嫩汁鸡翅

## 食材

鸡翅 › 7个
生抽 › 1勺
老抽 › 1/2勺
盐 › 1小勺
糖 › 1勺
胡椒粉、油 › 各适量
葱花 › 少许

## 做法

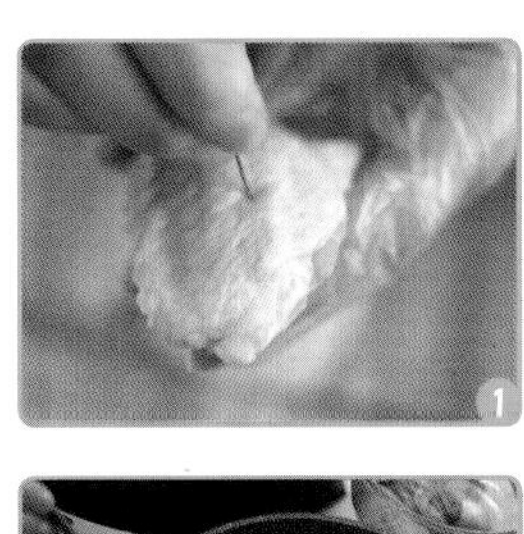


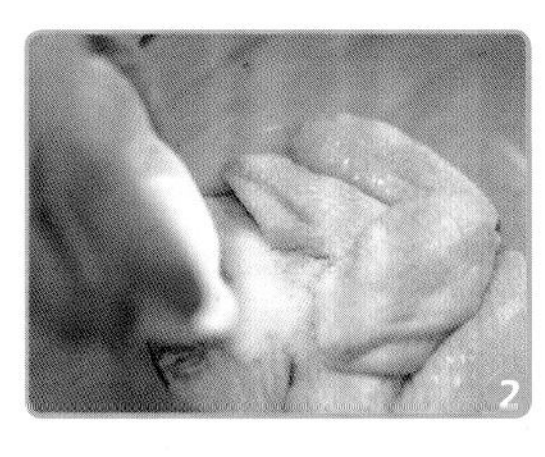

1. 鸡翅洗净沥干，用牙签扎孔便于入味。
2. 加生抽、老抽、糖、盐、胡椒粉搅拌均匀，进行腌制。
3. 放冰箱冷藏2h。
4. 少油热锅，放入鸡翅，两面均煎至变色。
5. 把之前腌制鸡翅的酱汁倒入锅中，加水稍微煮一下，小火收汁、撒少许葱花即可。

**特色点评**

鸡翅中富含维生素A，可保护视力，促进上皮组织及骨骼的发育，促进人体生长，鸡翅还富含蛋白质，有助于维持钠钾平衡、提高机体的免疫力。

|肉8道|

# 丝瓜酿肉

## 食材

丝瓜 > 1根
瘦肉 > 50g
胡萝卜 > 1/4根
玉米粒、青豆 > 各1小碟
淀粉 > 2勺
生抽 > 1勺
油、盐 > 各适量

## 做法

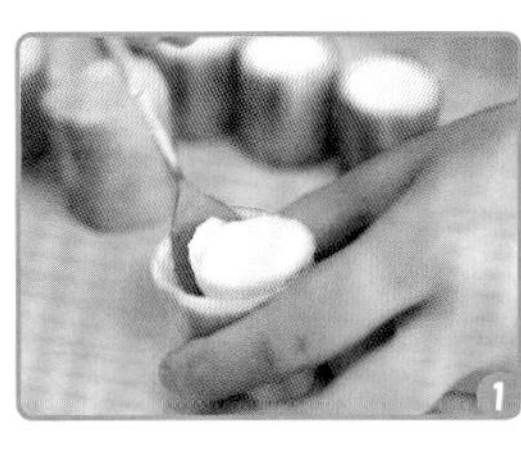

1 丝瓜去皮切成小段，中间掏空。
2 瘦肉打成泥，胡萝卜切丁。
3 将肉泥、胡萝卜丁、青豆、玉米粒、1勺淀粉和油混合，加盐调味搅匀。
4 用勺子将肉馅填满丝瓜。
5 将丝瓜酿肉上锅蒸10min。
6 取1勺淀粉加生抽和水，小火调成芡汁。
7 将芡汁淋在蒸好的丝瓜酿肉上即可。

特色点评

丝瓜中的B族维生素含量高，对于孩子的大脑发育有一定的帮助，而含有的维生素C对于肌肤有一定的益处；瘦肉可以提供丰富的蛋白质和铁元素，有助于预防贫血。

| 肉8道 |

# 鸡肉炖土豆

## 食材

鸡块 › 300g
土豆 › 2个
胡萝卜 › 1根
姜、蒜、生抽、老抽、盐、蚝油、料酒 › 各适量

## 做法

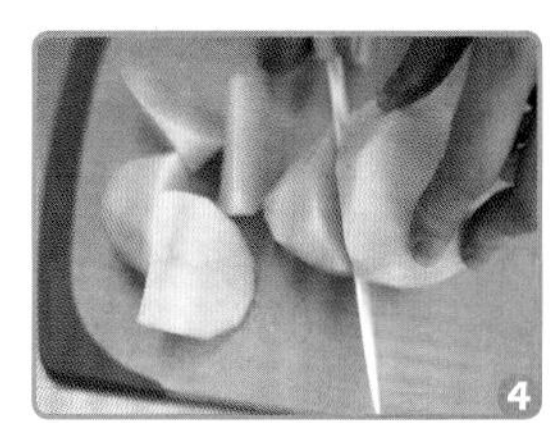

1 锅中水烧开，放入切好的姜片和蒜。
2 水再开后倒入鸡块，焯水去除腥味。
3 2~3min后将鸡块捞出，倒入凉水盆里备用。
4 土豆去皮，切大块泡水；胡萝卜用模具切成花块备用。
5 将葱、姜、蒜少油爆香，倒入沥干的鸡块。
6 加适量的生抽、老抽、盐、蚝油、料酒翻炒调味。
7 把土豆块铺在高压锅底部，倒入鸡块和胡萝卜块，炖12min即可。

特色点评
鸡肉肉质细嫩，属于高蛋白低脂肪的食品；土豆、胡萝卜富含膳食纤维与多种维生素，常见食材经过巧搭配，滋味鲜美，营养丰富，强身明目。
宝宝打分

| 肉 8 道 |

# 椰香卤鸡腿

## 食材

鸡腿 › 4只
椰奶 › 300ml
酱油 › 2勺
白醋 › 1勺
蒜 › 3瓣
油 › 1勺
桂叶、黑胡椒粉、葱花 › 各少许

## 做法

1 鸡腿洗净沥干，用厨房纸擦干水分。
2 油锅加热，鸡腿放入锅中煎至表面金黄。
3 依次加入椰奶、酱油、白醋，撒上黑胡椒粉，放入桂叶和切好的蒜末。
4 待汤汁烧开后转小火炖煮30min，适量加点热水避免干锅。
5 出锅前10min改大火收汁。
6 出锅后装盘，撒些葱花即可。

特色点评

鸡肉中含有大量的蛋白质，对于婴幼儿以及生长发育期的人群，有促进发育，提高免疫的作用；椰奶当中含有大量的脂肪、蛋白质、钙，非常适合正在成长中的孩子。

| 肉 8 道 |

# 椒香烤肉卷

## 食材

鸡腿 › 2只
盐、黑胡椒粉 › 各适量

## 做法

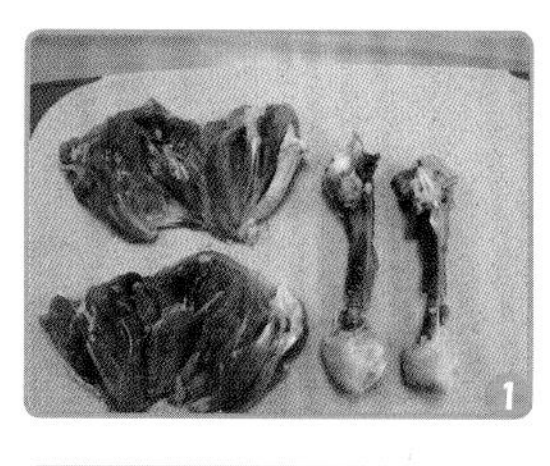

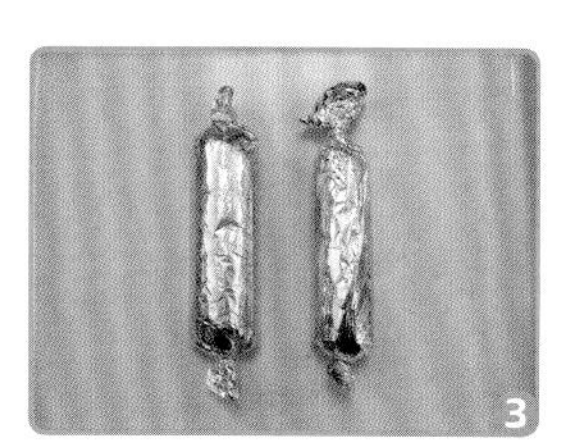


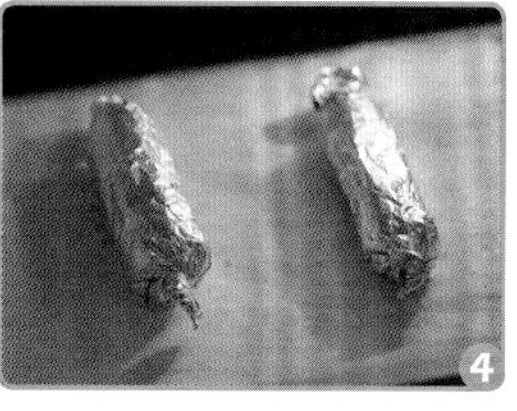

1 将鸡腿去除骨头。
2 鸡腿肉加少许盐、黑胡椒粉腌制1h。
3 用双层锡纸将腌好的鸡腿肉裹紧，锡纸两端拧成糖果状。
4 放入预热180℃的烤箱中，烤10min，翻面再烤10min。
5 待烤好的鸡肉放凉后，从锡纸里取出，切成小段即可。

宝宝打分

特色点评

鸡腿中含有对人体生长发育有着重要作用的磷脂类，是膳食结构中脂肪和磷脂的重要来源之一，鸡腿中的蛋白质消化率很高，对孩子有不错的补益作用。

| 肉 8 道 |

# 寿司肉糜卷

## 食材

海苔 › 6张
肉糜 › 200g
玉米 › 1/2根
胡萝卜 › 1/2根
鸡蛋 › 1枚
淀粉、料酒、生抽、盐、黑胡椒粉 › 各适量
姜末 › 少许

## 做法

1

2

3

4

5

6

7

1 胡萝卜搅碎，玉米掰粒备用。
2 在大碗中倒入肉糜、淀粉，磕入鸡蛋拌匀。
3 加姜末、生抽、盐、黑胡椒粉，进行调味。
4 加入胡萝卜碎、玉米粒，顺时针搅打上劲。
5 把搅拌好的肉糜平铺在双层海苔上。
6 把海苔卷成寿司状，上蒸锅蒸15min。
7 取出蒸好的肉糜卷，放凉后切成小段即可。

点评

肉糜富含蛋白质、铁，能改善缺铁性贫血；海苔中富含牛磺酸，对婴幼儿神经系统发育有促进作用，还能增强儿童记忆力。

| 肉 8 道 |

# 蜜汁脱骨鸡翅

## 食材

鸡翅中 › 6个
土豆 › 1个
胡萝卜 › 1/2根
生抽 › 1勺
蚝油 › 1勺
蜂蜜 › 1勺
盐 › 少许

## 做法

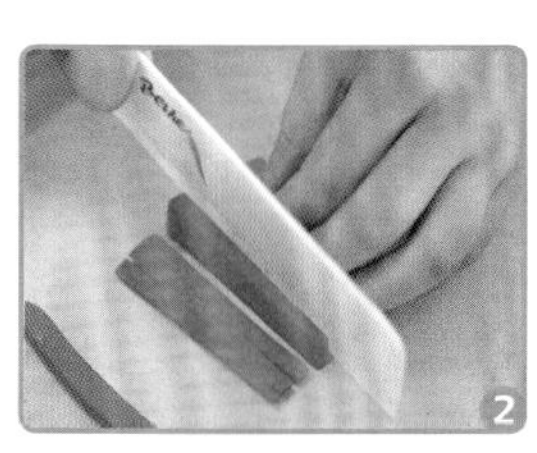

1. 鸡翅中洗净，将两端韧带剪断，去除骨头。
2. 土豆和胡萝卜洗净去皮，切成5cm长的丝。
3. 将土豆丝和胡萝卜丝塞入脱骨的鸡翅里。
4. 鸡翅加生抽、蚝油、盐，搅拌拌匀，腌制2~3h。
5. 将鸡翅放在烤盘上，在鸡翅表面刷上适量的蜂蜜。
6. 放入预热200℃的烤箱中，烤约15min。
7. 将鸡翅烤至略微收缩，表面呈金黄色即可。

**特色点评**

鸡肉含有较多的不饱和脂肪酸——亚油酸和亚麻酸，有保护心血管的作用；胡萝卜中含有丰富的胡萝卜素，可以转化成维生素A，能增强人体的免疫力，还具有补肝明目的作用；土豆和胡萝卜富含膳食纤维，能促进肠蠕动。

| 肉 8 道 |

# 玉米茄汁鸡块

## 食材

玉米粒 > 1碗
鸡腿 > 2只
番茄 > 2个
生抽 > 2勺
淀粉 > 1勺
蚝油 > 1勺
番茄酱 > 1勺
盐、葱花 > 各少许

## 做法

1 番茄切小块，鸡腿去骨切块。
2 鸡肉块加生抽、淀粉、盐，腌制15min。
3 少油热锅，倒入番茄块，加少许水翻炒出汁，加入玉米粒拌匀。
4 倒入鸡肉块翻炒，加生抽、蚝油、番茄酱调味。
5 大火翻炒，待番茄酱汁变浓稠后撒上葱花即可。

玉米当中含有大量的维生素A和胡萝卜素，可以起到明目作用；还含有大量的维生素E和B族维生素，可以营养神经；番茄所含的苹果酸和柠檬酸，有助于胃液对鸡肉中脂肪及蛋白质的消化。

| 蛋7道 |

# 厚蛋烧

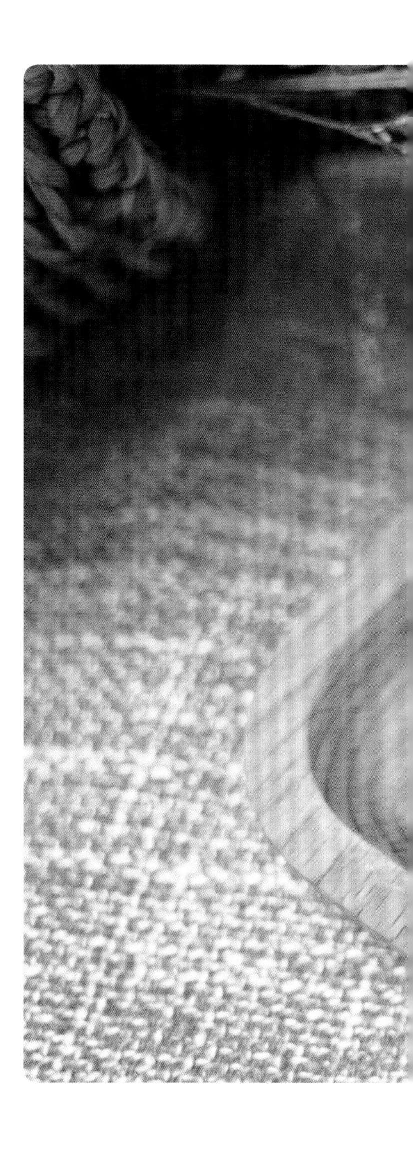

## 食材

鸡蛋 > 3枚
胡萝卜 > 1/2根
黄瓜 > 1根
火腿肠 > 1根
牛奶 > 2勺
盐、油 > 各适量

## 做法

1. 胡萝卜、黄瓜洗净，与火腿肠分别切碎。
2. 鸡蛋打散，加牛奶和盐搅拌均匀。
3. 少油热锅，调小火，倒入一大半的蛋液。
4. 把胡萝卜碎、黄瓜碎、火腿肠碎撒在蛋液上。
5. 当蛋液半熟的时候，从一端开始卷蛋皮。
6. 每卷一层停留煎一会儿再卷，卷到尾部把剩下的蛋液倒入锅里，再全部卷起。
7. 鸡蛋卷煎好定型出锅，切成小段即可。

**特色点评**

鸡蛋含丰富的优质蛋白，鸡蛋蛋白质的消化率在牛奶、猪肉、牛肉和大米中是最高的。婴幼儿食用蛋类，可以补充奶类中匮乏的铁；蛋中的磷很丰富，但钙相对不足，所以，将奶类与鸡蛋共同食用可营养互补。

|蛋 7 道|

# 干贝炖蛋

## 食材

干贝 > 30粒
鸡蛋 > 2枚
盐 > 1小勺
香油 > 适量
姜丝、葱花 > 各少许

## 做法

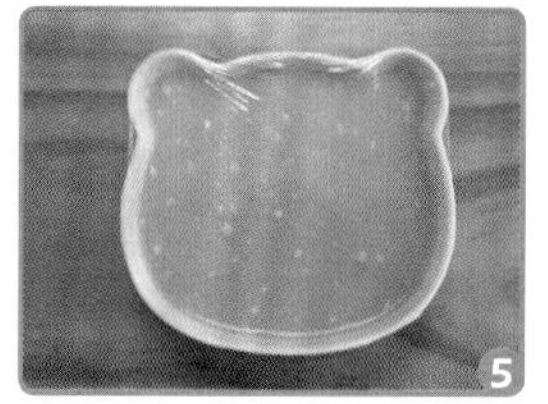

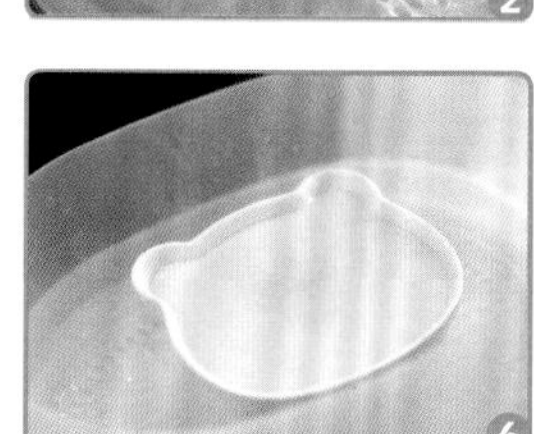

1 干贝洗净，倒入碗里，加水浸泡30min。
2 碗里再加姜丝，上锅蒸20min。
3 蒸好后，过滤出汁水放凉备用。
4 鸡蛋打散，将滤出的汁水倒入蛋液中，加盐搅拌均匀。
5 将搅拌好的蛋液过筛，盖上保鲜膜，戳小孔。
6 上锅蒸10min，待表面凝固后揭开保鲜膜，撒上干贝再蒸5min。
7 出锅后淋点香油，撒上葱花即可。

**特色点评**

此番搭配味道鲜美，干贝含有大量的氨基酸和多种维生素、矿物质，鸡蛋富含蛋白质、卵磷脂，可助孩子提高免疫力，预防贫血，滋养大脑，有利于生长发育。

| 蛋7道 |

# 玉子蒸蛋

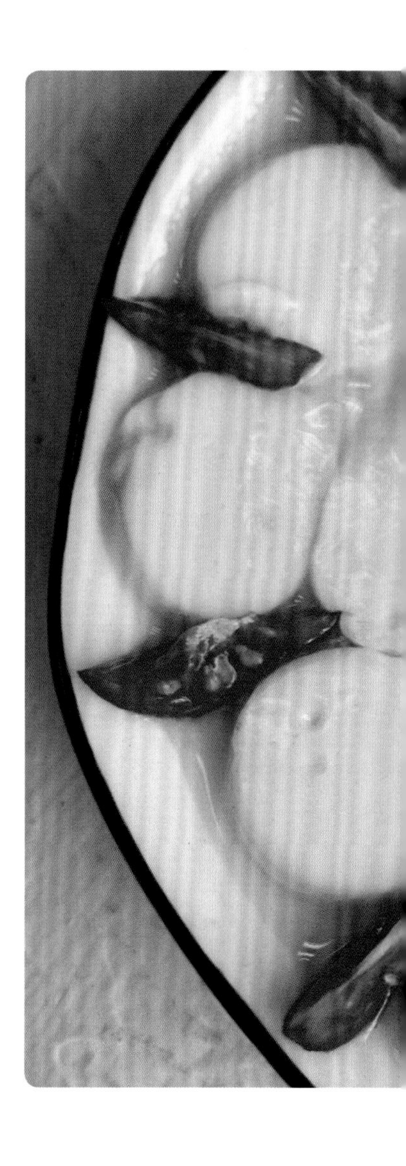

## 食材

玉子豆腐 > 3个
肉末 > 50g
鸡蛋 > 1枚
生抽 > 1勺
蚝油 > 1/2勺
小番茄 > 适量

## 做法

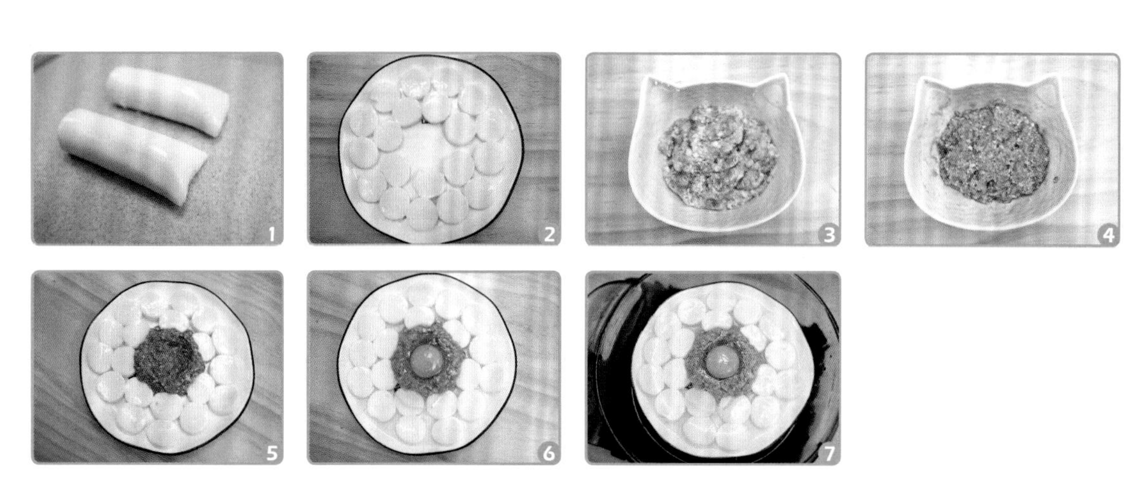

1 玉子豆腐一端剪开，取出完整的豆腐。
2 将玉子豆腐切片，在盘子里摆成圈。
3 将剩下的豆腐边角料加肉末搅匀。
4 再加入生抽和蚝油搅拌均匀。
5 将肉馅倒入盘子中间，按出一个凹槽。
6 把鸡蛋打在肉末的凹槽内。
7 热水上锅蒸10min即可，出锅后可用小番茄装饰。

**特色点评**

玉子豆腐、鸡蛋、肉末均富含优质蛋白质，非常利于孩子消化吸收，此菜品味道鲜美，口感嫩滑，有助于孩子生长发育与增强抗病力。

| 蛋7道 |

# 虾肠蛋卷

## 食材

鲜虾 > 20只
胡萝卜 > 30g
鸡蛋 > 2枚
玉米淀粉 > 6g
盐、油 > 各少许

## 做法

1 分离蛋清和蛋黄备用。

2 胡萝卜打成末；鲜虾去壳、去虾线，打成泥。

3 虾泥加胡萝卜末、蛋清、玉米淀粉、盐，搅打上劲。

4 取适量虾泥摆在锡纸一侧，卷成圆柱形，将锡纸两头拧紧，上锅蒸15min。

5 蛋黄打散，少油热锅，煎成蛋皮。

6 取出蒸好的虾肠，用蛋皮卷上后切小段即可。

特色点评

虾可有效补充钙质和优质蛋白，增加人体免疫力，帮助孩子长个子，鸡蛋可健脑，胡萝卜可明目，不失为一款好搭配。

|蛋7道|

# 番茄蛋羹

## 食材

番茄 › 1个
鸡蛋 › 2枚
秋葵 › 1根
盐 › 少许

## 做法

1

2

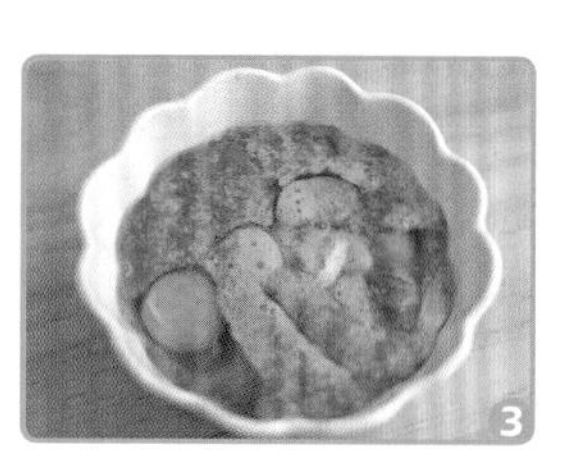

3

4

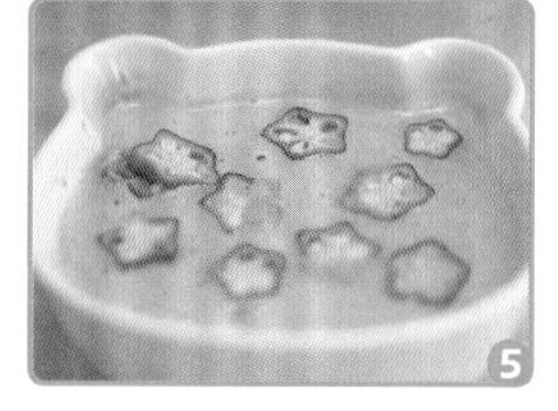

5

6

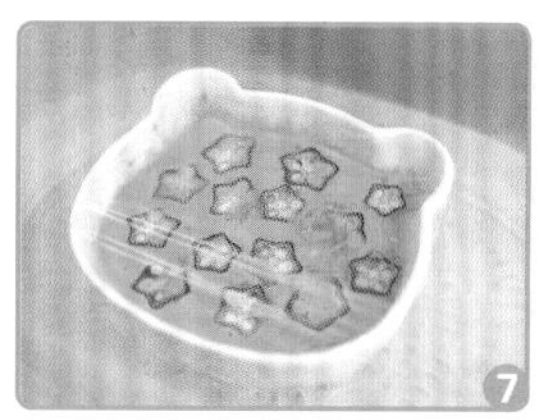

7

1 番茄顶部划十字，倒入热水烫一下。
2 撕掉番茄外皮，切块后加温水榨成汁。
3 碗里打入鸡蛋，加盐，倒入番茄汁。
4 将搅拌均匀的蛋液过筛，滤去浮沫。
5 在蛋液表面撒上切好的秋葵片。
6 盖上保鲜膜，在保鲜膜上扎孔。
7 上锅蒸约15min即可。

特色点评

非常赏心悦目的一道菜品，鸡蛋中含有大量的维生素和矿物质及有高生物价值的蛋白质。对人而言，鸡蛋的蛋白质品质最佳，仅次于母乳。番茄含柠檬酸和苹果酸，能促进胃液和唾液的分泌，秋葵具有黏性物质，加快胃液分泌，有利于人体消化。

## 食材

西葫芦 > 1个
鸡蛋 > 2枚
黑胡椒粉 > 少许
盐、油 > 各适量

## 做法

1 西葫芦去蒂洗净，切丝。
2 加盐腌制10min，挤干水分。
3 平底锅热油，倒入西葫芦丝，用小火翻炒3min。
4 把西葫芦丝分成2个圆形，在圆中间留空，各打入1枚鸡蛋。
5 盖上锅盖，小火焖3min，出锅撒上黑胡椒粉即可。

**特色点评**

西葫芦富含纤维素，可促进胃肠蠕动，帮助消化，还可以加快人体新陈代谢。西葫芦含有一种干扰素的诱生剂，可刺激机体产生干扰素，提高免疫力，发挥抗病毒作用。搭配鸡蛋，还补充了蛋白质，菜品口感清爽，味道清香。

| 蛋 7 道 |

# 芦笋虾仁炒蛋

## 食材

芦笋 > 5根
虾仁 > 50g
鸡蛋 > 2枚
洋葱 > 1/2个
小番茄 > 4个
料酒 > 1勺
盐 > 1小勺
油 > 适量

## 做法

1

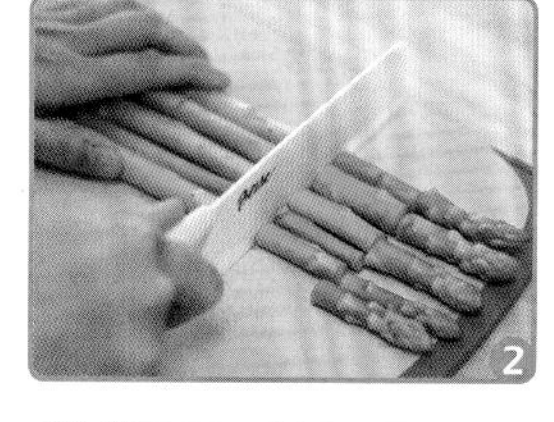
2

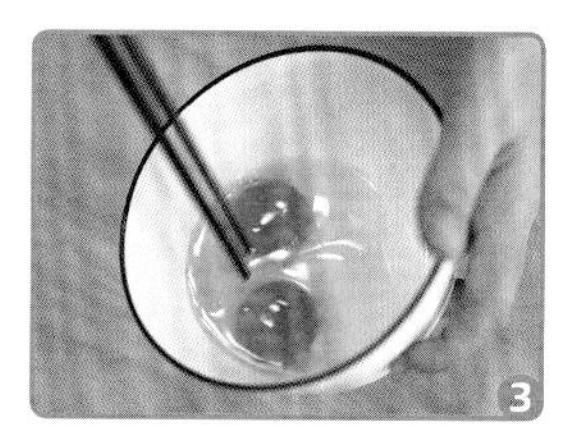
3

4

5

6

7

1 虾仁洗净沥干，加料酒和盐腌制。
2 芦笋洗净切段，洋葱切丝，小番茄切块。
3 鸡蛋打入碗里，加盐搅拌均匀。
4 少油热锅，放入洋葱丝翻炒爆香，再倒入虾仁。
5 待虾仁炒至两面变色后，加芦笋翻炒。
6 当芦笋炒软后，倒入蛋液把锅底铺满。
7 码上小番茄块，盖上锅盖，用小火焖一会儿即可。

宝宝打分

特色点评

虾仁、鸡蛋富含蛋白质、钙，有利于孩子生长发育。芦笋中的芦丁、胆碱、纤维素能刺激肠蠕动，促进胃肠道里积存的有害物质尽快排出，有助于保护孩子的肠道健康。

| 虾 7 道 |

# 香菇虾球

## 食材

干香菇 > 50g
鲜虾 > 200g
胡萝卜丁 > 20g
山药丁 > 20g
青椒丁 > 10g
葱花 > 10g
淀粉 > 5g
盐、胡椒粉 >
各少许

## 做法

1 干香菇剪去柄，用温水泡发备用。
2 鲜虾洗净，去壳、去虾线，用刀背将虾肉剁成泥。
3 将胡萝卜丁、山药丁、青椒丁、葱花倒进虾泥中。
4 加淀粉、盐和胡椒粉调味，搅拌均匀。
5 挖一勺虾泥放在泡发好的香菇上。
6 将做好的香菇虾球上锅蒸7~10min，蒸熟即可。

**特色点评**

虾肉高蛋白低脂肪，同时富含牛磺酸，有助于增强孩子的抗病能力。干香菇富含维生素D，可促进虾肉里钙质的吸收，配上各种蔬菜色泽艳丽，同时可补充多种维生素、矿物质。

| 虾 7 道 |

# 玉子虾仁

## 食材

玉子豆腐 > 2个
鲜虾 > 10只
胡萝卜 > 1/2根
青豆 > 1小蝶
生抽、淀粉 > 各适量

## 做法

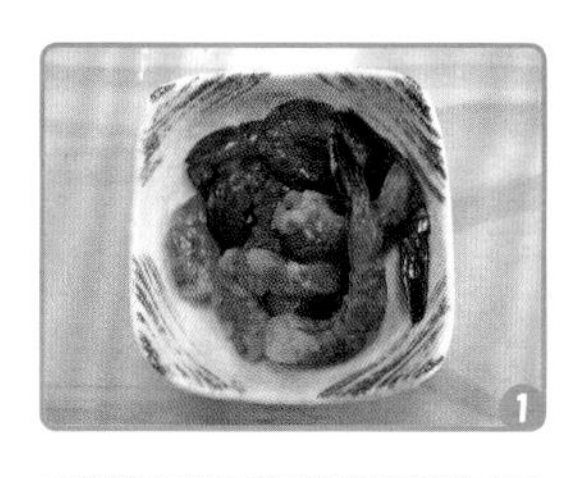

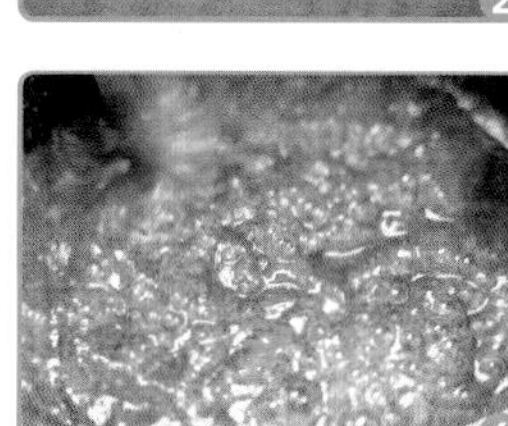

1 鲜虾去壳、去虾线，保留虾尾，洗净沥干备用。
2 玉子豆腐从中间切成两截，从包装袋中轻轻取出，切成1cm厚的片；胡萝卜洗净，切成圆片。
3 将胡萝卜片摆在蒸盘里，上面放上玉子豆腐片，再放上虾肉，点缀青豆。
4 将摆好的玉子豆腐，上蒸锅蒸10min。
5 将蒸盘中的水倒入碗中，加淀粉、生抽和适量水调匀成水淀粉。
6 水淀粉下锅，熬成芡汁。
7 将芡汁淋在玉子虾仁上即可。

**特色点评**

玉子豆腐与鲜虾富含蛋白质、钙、镁、锌等孩子生长需要的重要营养素，搭配胡萝卜、青豆，红绿相间，还可以补充膳食纤维、胡萝卜素，养眼润肠。

|虾7道|

# 清香柠檬虾

## 食材

| | |
|---|---|
| 鲜虾 > 200g | 料酒 > 1勺 |
| 青柠檬 > 1个 | 生抽 > 1勺 |
| 黄柠檬 > 1个 | 姜片、蒜、盐、 |
| 百香果 > 1个 | 糖 > 各少许 |
| 洋葱 > 1/2个 | 葱、香油 > 各适量 |

## 做法

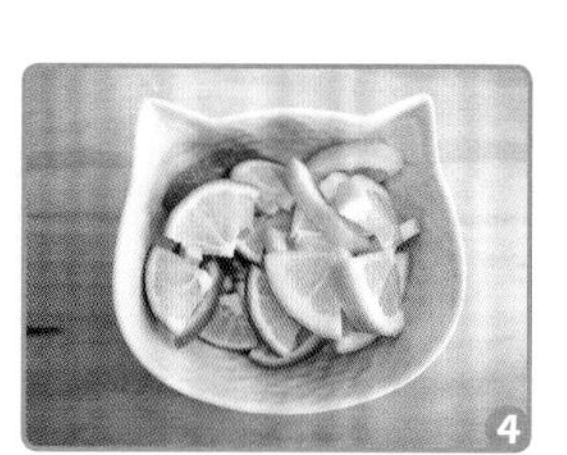

1 鲜虾去头、去虾线，洗净备用。
2 将虾冷水下锅，加姜片和料酒，水开后煮3min。
3 煮好后捞出，沥干水分倒入碗中。
4 青柠檬和黄柠檬切片去籽。
5 洋葱切丁，蒜和葱切末。
6 向碗中加柠檬片、百香果、洋葱丁、蒜末、葱末。
7 再加生抽、盐、糖、香油调味，将食材拌匀即可。

特色点评

虾中含有丰富的镁，对心脏活动具有重要的调节作用，能很好保护孩子的心血管系统。柠檬、百香果清香提味，还可以补充维生素C，调节身体免疫力。

| 虾 7 道 |

# 鲜虾煎饺抱蛋

## 食材

猪肉末 > 100g
饺子皮 > 8张
鲜虾 > 8只
鸡蛋 > 2枚
生抽 > 1勺
料酒 > 1勺
葱花、蒜末、姜末、盐、香油、芝麻、油 > 各少许

## 做法

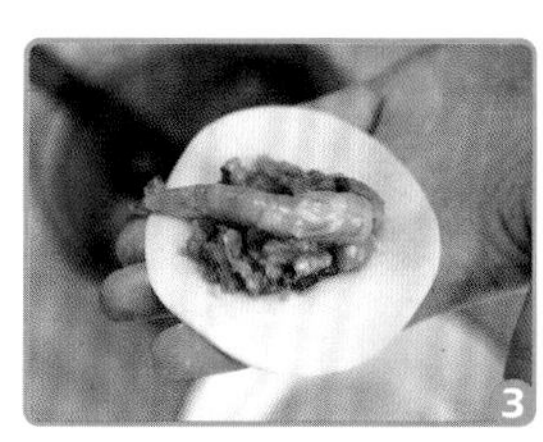

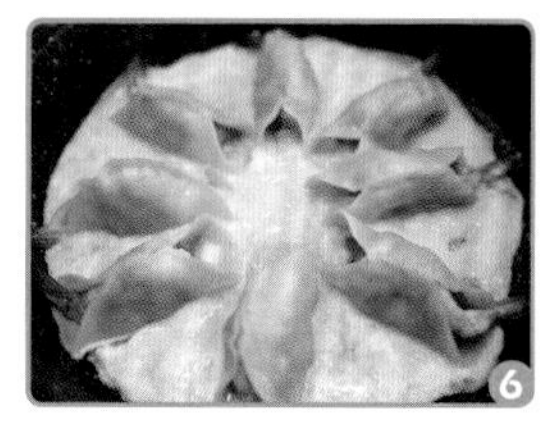

1 猪肉末加生抽、料酒、蒜末、葱花、姜末、香油，朝一个方向搅打上劲，做成肉馅。
2 鲜虾去头、去壳，保留虾尾，去除虾线。
3 将肉馅放在饺子皮上，再把虾肉放在肉馅上。
4 将饺子皮中间捏合，露出虾尾。
5 少油热锅，把饺子放入锅中煎至底部金黄。
6 鸡蛋打散，加盐调味，倒入锅中，转小火焖熟。
7 出锅前撒上葱花和芝麻即可。

特色点评

肉、虾、鸡蛋都是富含优质蛋白质的代表，其中猪肉富含铁，虾富含钙、镁，鸡蛋富含卵磷脂，既强强联合，又营养互补，促进孩子健康成长。

| 虾 7 道 |

# 西葫芦圈虾饼

## 食材

西葫芦 > 1个
虾仁 > 5只
鸡蛋 > 1枚
胡萝卜 > 30g
盐、油 > 各少许

## 做法

1 西葫芦洗净去皮，胡萝卜切碎。
2 把西葫芦切成约0.5cm厚的片。
3 刀尖顶住西葫芦片转动，把中间挖空。
4 虾仁剁碎，加入鸡蛋、胡萝卜碎，加盐搅拌均匀。
5 平底锅刷油，放入西葫芦圈，用小火两面各煎1min。
6 将虾仁胡萝卜鸡蛋液舀到西葫芦圈里，煎至凝固再翻面。
7 关火，用平底锅的余温将饼的另一面煎熟即可。

**特色点评**

西葫芦含有丰富的维生素C，可以抗氧化，促进皮肤细胞生长分裂，起到美白、润泽肌肤的功效。虾仁与鸡蛋都富含优质蛋白质，与蔬菜营养互补。

|虾7道|

# 虾仁珍珠丸子

## 食材

猪肉末 > 200g
虾仁 > 20g
糯米 > 50g
胡萝卜 > 20g
淀粉 > 10g
生抽 > 1勺
葱花 > 适量
料酒、油 > 各少许

## 做法

1 糯米淘洗干净，放入清水中浸泡2h备用。
2 虾仁剁成泥，胡萝卜切碎备用。
3 将泡好的糯米捞出沥干，与一半的胡萝卜碎混合。
4 将猪肉末、虾仁泥、另一半胡萝卜碎和淀粉、生抽、料酒、油搅匀成肉馅。
5 取适量肉馅捏成肉丸，裹上一层糯米胡萝卜碎摆入盘中。
6 入蒸锅大火蒸10min，蒸好后撒上葱花点缀即可。

## 特色点评

猪肉富含蛋白质、铁，有助于改善和预防贫血，且维生素$B_1$的含量丰富，能滋养神经。糯米含有维生素$B_1$、维生素$B_2$、烟酸等，具有健脾养胃的功效，适用于食欲减少的人群，但孩子不宜多食。

宝宝打分

| 虾 7 道 |

# 鲜虾胡萝卜馄饨

## 食材

鲜虾 › 50g
胡萝卜 › 50g
馄饨皮 › 100g
葱花、虾皮、紫菜碎、盐、料酒、生抽 › 各少许

## 做法

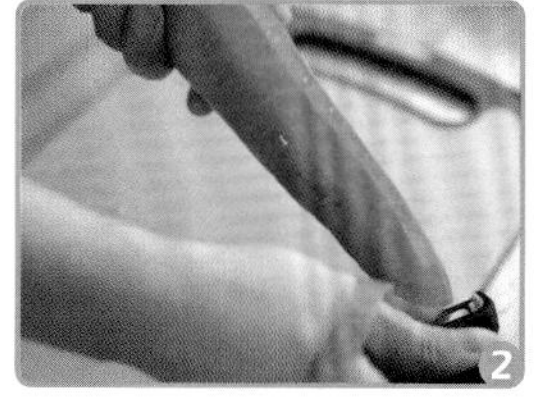

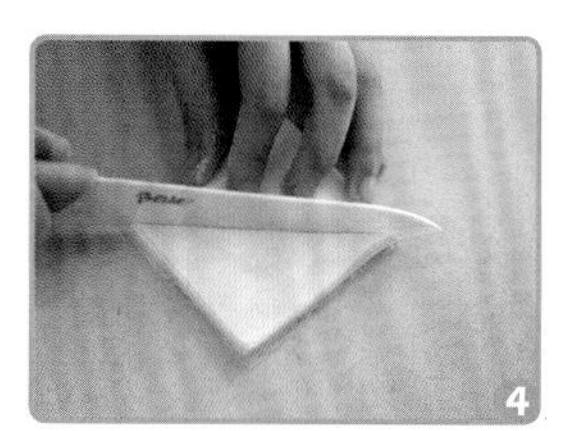

1. 鲜虾去壳、去虾线，搅成泥。
2. 胡萝卜洗净，去皮后切碎。
3. 将虾泥和胡萝卜碎混合，加葱花、盐、料酒、生抽调味，搅匀成馅料。
4. 把方形的馄饨皮对半切成三角形。
5. 用馄饨皮包上少许的馅料，捏紧外皮。
6. 水烧开后下入馄饨，煮至全部浮起。
7. 在空碗中加入洗净的紫菜碎和虾皮，倒入馄饨和汤水即可。

特色点评
鲜虾富含钙、镁，且高蛋白低脂肪，有助于孩子的骨骼、牙齿健康。胡萝卜护眼，还富含膳食纤维，能促进肠蠕动，有防治便秘的作用。
宝打分

|汤5道|

# 鲫鱼豆腐汤

## 食材

鲫鱼 › 1条
豆腐 › 1块
姜片、葱段、
油、盐 › 各适量
料酒、葱花 ›
各少许

## 做法

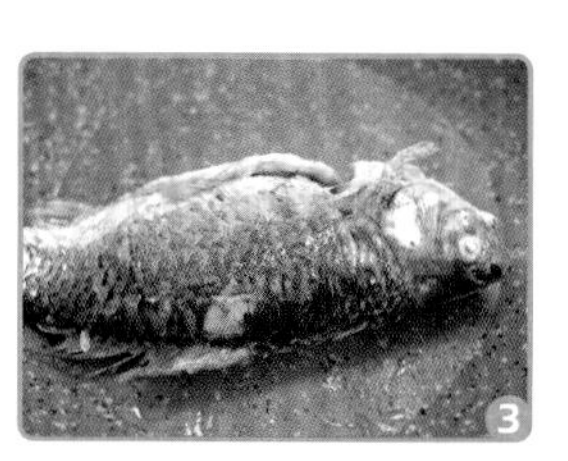

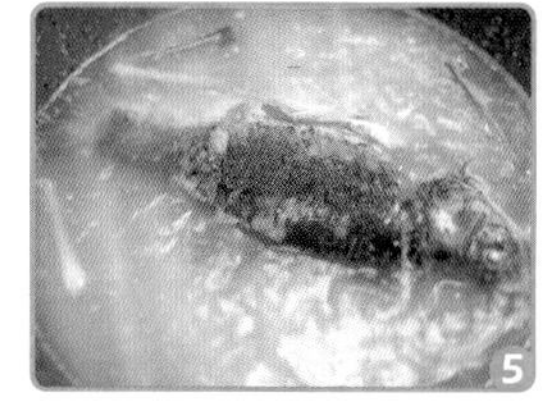

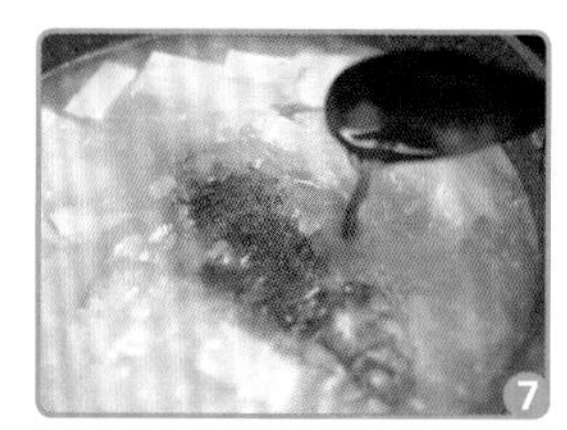

1 豆腐切成小方块备用。
2 鲫鱼去除内脏、鱼鳞，洗净擦干备用。
3 少油热锅，用中火将鲫鱼两面煎至金黄。
4 放入姜片、葱段，稍微翻炒出香味。
5 倒入一大碗开水，将鱼浸泡，改大火煮10min。
6 倒入豆腐块。
7 加入适量盐、料酒，转中火炖20min，出锅后撒少许葱花即可。

特色点评

鲫鱼含有全面而优质的蛋白质，对肌肤的弹力纤维构成起到了良好的强化作用。鲫鱼与豆腐均是高钙食物，强强联手，不光健脾养胃，还强筋壮骨。

| 汤5道 |

# 番茄丸子汤

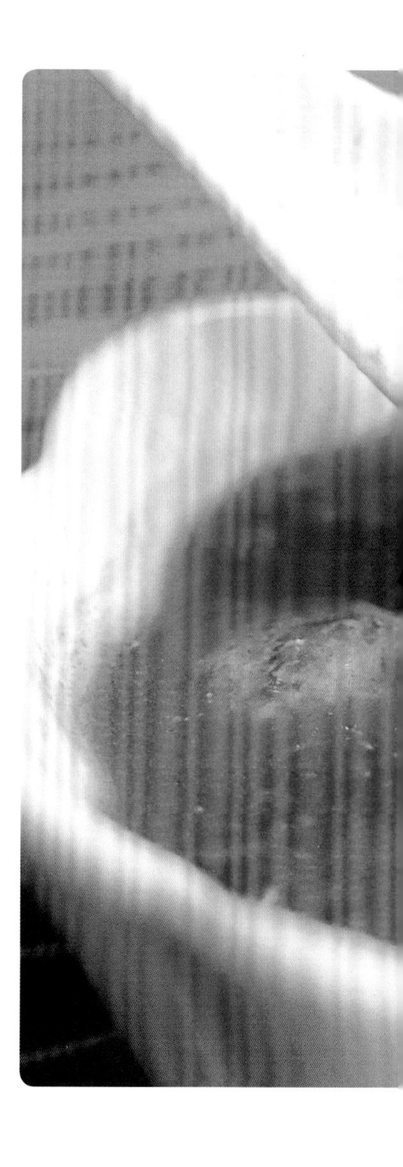

## 食材

| | |
|---|---|
| 番茄 > 2个 | 淀粉 > 1勺 |
| 瘦肉 > 150g | 盐 > 适量 |
| 老抽 > 1/2勺 | 葱、姜 > 各少许 |
| 生抽 > 1/2勺 | 水淀粉（1勺淀粉和1/2碗清水）> 1/2碗 |
| 油 > 1/2勺 | |

## 做法

1 番茄洗净切块，葱、姜切末。
2 瘦肉洗净沥干，打成肉末。
3 肉末中加老抽、生抽、油、淀粉、盐、葱末、姜末搅匀，腌制20min。
4 少油热锅，倒入番茄块大火翻炒。
5 待番茄翻炒出汁后，倒入一大碗水，用大火烧开。
6 将腌制好的肉末做成丸子放入锅中，煮至变色。
7 出锅前加少许盐，倒入水淀粉勾薄芡即可。

**特色点评**

番茄富含维生素C，有助于改善宝宝牙龈出血或皮下出血，提高机体抵抗力。番茄所含的苹果酸和柠檬酸，有助于胃液对脂肪及蛋白质的消化。与瘦肉搭配，味道鲜美，有荤有素。

| 汤 5 道 |

# 奶香南瓜浓汤

## 食材

南瓜 > 400g
牛奶 > 150ml
淡奶油 > 20g
糖、盐、葡萄干 > 各少许

## 做法

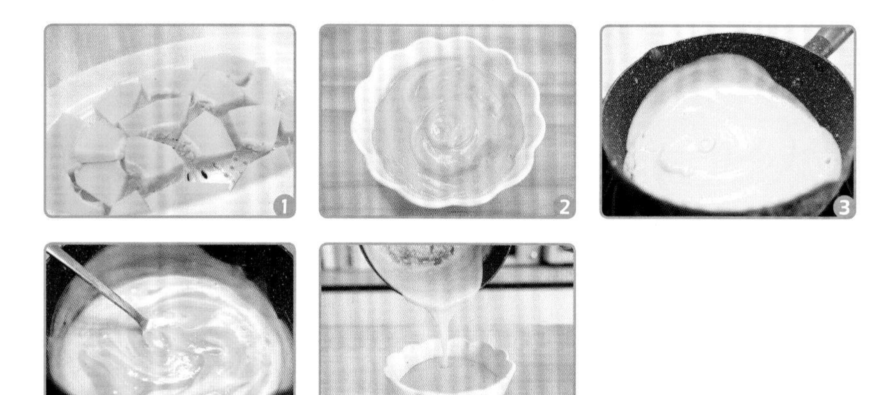

1 南瓜去皮、切块，上锅蒸熟。
2 将南瓜块放入料理机，加入牛奶和糖打成糊。
3 南瓜糊倒入锅中，小火加热。
4 待南瓜糊变浓稠后，倒入淡奶油。
5 将南瓜糊和淡奶油充分搅匀后，加盐调味，用葡萄干点缀即可。

## 特色点评

南瓜中含有丰富的锌，参与人体内核酸、蛋白质的合成，是肾上腺皮质激素的固有成分，为孩子生长发育的重要物质。与牛奶搭配，不仅味道香甜，同时也补充钙质，强壮骨骼。

|汤5道|

# 奶香蘑菇浓汤

## 食材

鸡胸肉 > 100g
虾仁 > 50g
白蘑菇 > 50g
玉米粒 > 30g
牛奶 > 250ml
面粉 > 20g
淀粉 > 1勺
料酒 > 1勺
油 > 适量
盐、黑胡椒粉、青菜丝 > 各少许

## 做法

1 鸡胸肉切小块，加盐、淀粉、料酒腌制。
2 白蘑菇切片，下锅焯熟，捞出备用。
3 分别把鸡肉块和虾仁煎熟备用。
4 少油热锅，倒入面粉翻炒至微黄，再加一碗水搅匀。
5 倒入蘑菇片、鸡肉块、虾仁、玉米粒、牛奶混合均匀。
6 待汤煮至浓稠，加盐和黑胡椒粉调味，用青菜丝点缀即可。

**特色点评**

鸡肉、虾仁、牛奶搭配，富含蛋白质、钙、维生素，白蘑菇是一种能提供维生素D的菌类，与含钙丰富的食物是绝佳搭档，利于促进钙的吸收，让孩子强身壮骨。

|汤5道|

# 竹荪山药排骨汤

## 食材

排骨 > 200g
竹荪 > 10g
山药 > 1根
姜片、盐 > 各适量

## 做法

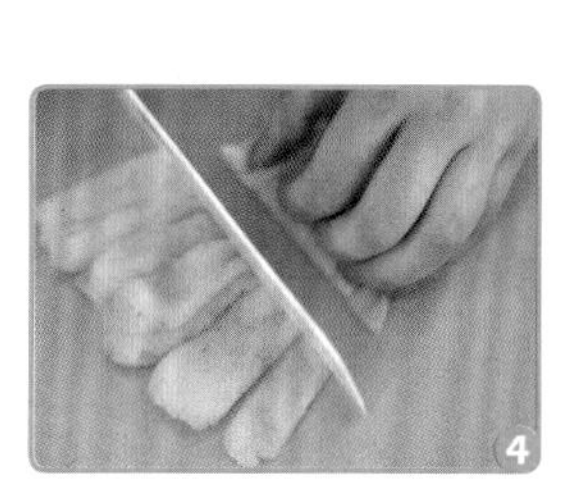

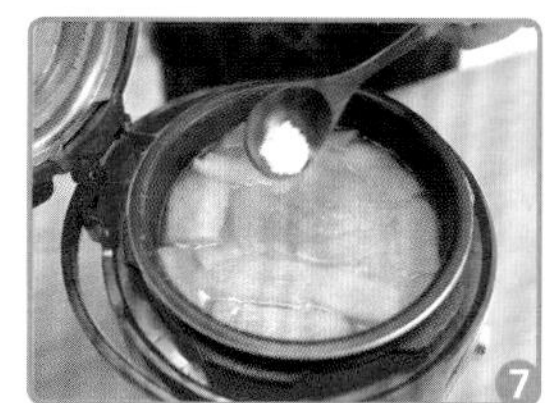

1 山药去皮，切滚刀块，放入清水中浸泡。
2 竹荪用清水浸泡20min。
3 将排骨放入加了姜片的冷水锅中，焯2min去除血水，捞出冲去浮沫。
4 竹荪洗净，沥干切段。
5 将山药块、排骨、姜片放入锅中，倒入清水炖煮约30min。
6 加入竹荪段，继续炖20min。
7 出锅前加盐调味即可。

**特色点评**

排骨中含有的磷、铁、钙、骨胶原、骨粘连蛋白，有促进幼儿骨骼发育的功效。排骨还有铁元素，有改善缺铁性贫血的功效。山药可健脾胃，竹荪里的多糖还可以调节孩子的免疫力。

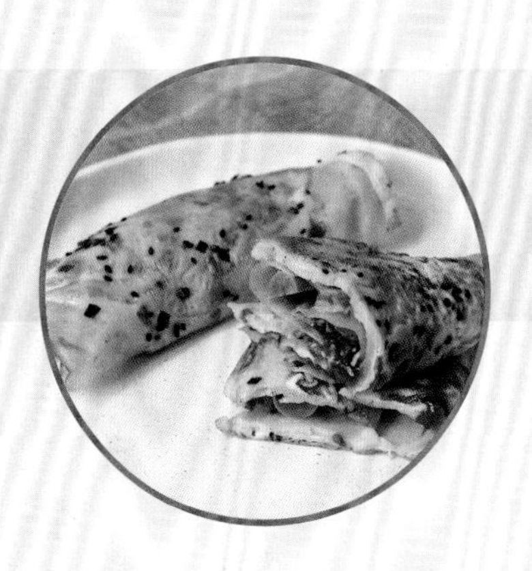

面饼

（7道）

薯类

（7道）

肉类

（6道）

甜点

（8道）

加餐
小食

|面饼7道|

# 太阳灌饼

## 食材

鸡蛋 > 2枚
饺子皮 > 适量
火腿肠 > 2根
葱、盐、油 > 各少许

## 做法

1 葱洗净，切成葱花；火腿肠切丁。
2 鸡蛋打散，加入火腿肠丁、葱花、盐搅匀成馅料。
3 取两张饺子皮，整齐地叠在一起。
4 用叉子把饺子皮边缘压出花边，留个小口。
5 把馅料倒入饺子皮夹层中间，捏紧，避免露馅。
6 少油热锅，放入馅饼，用小火煎至定型再翻面，煎熟出锅即可。

**特色点评**

加餐对孩子补充能量和营养非常重要，此款小食主副食均有，能为孩子提供热量、优质蛋白质和多种维生素、矿物质。

|面饼7道|

# 菠菜蛋饼

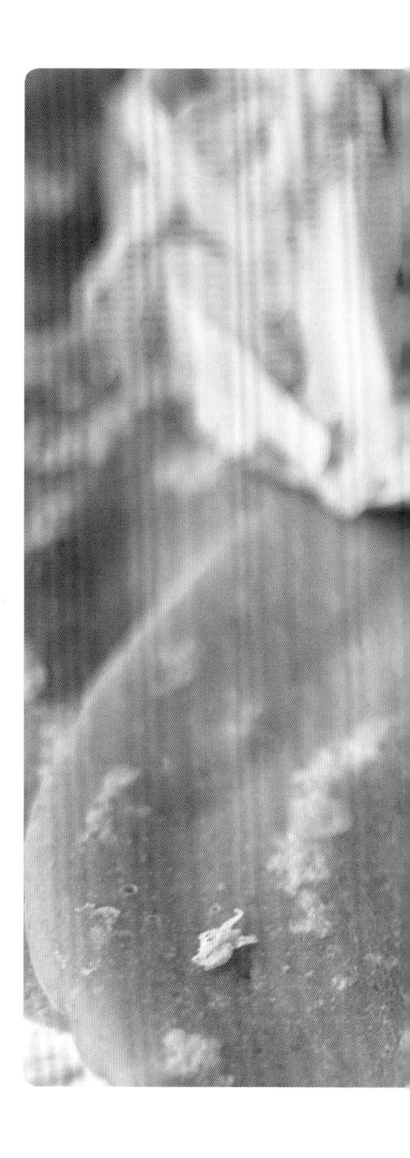

## 食材

菠菜 > 50g
鸡蛋 > 2枚
面粉 > 200g
土豆 > 1个
胡萝卜 > 1根
盐、生抽 >
各1小勺
油 > 适量

## 做法

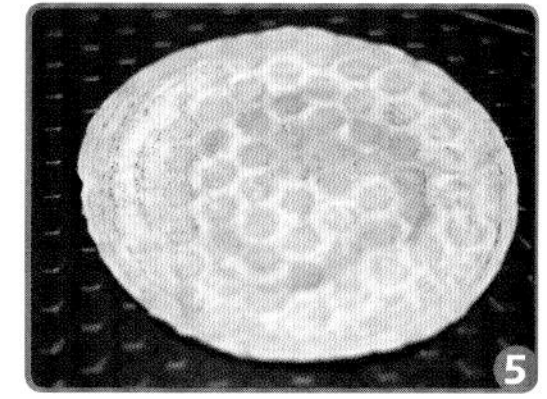

1 菠菜洗净切段，用料理机打成汁。
2 在菠菜汁中加入鸡蛋、面粉和少许盐，搅拌成黏稠的面糊。
3 土豆切丝，泡水沥干，和切好的胡萝卜丝一起用少许油炒熟，加盐、生抽调味。
4 将搅拌好的面糊倒入不粘锅，用小火将两面煎熟。
5 用煎好的菠菜饼卷上炒好的土豆胡萝卜丝即可。

**持色点评**

鸡蛋中维生素A、维生素$B_2$、维生素$B_6$、维生素D、维生素E的含量丰富，尤其是蛋黄中的维生素A、维生素D和维生素E，与脂肪溶解容易被机体吸收利用。不过，鸡蛋中维生素C的含量比较少，比较适合与富含维生素C的蔬菜搭配食用。

| 面饼 7 道 |

# 杂蔬牛肉饼

## 食材

牛肉 > 50g
鸡蛋 > 1枚
面粉 > 1勺
黑木耳、西蓝花、玉米粒、胡萝卜丁、青豆 > 各适量
盐、油 > 各少许

## 做法

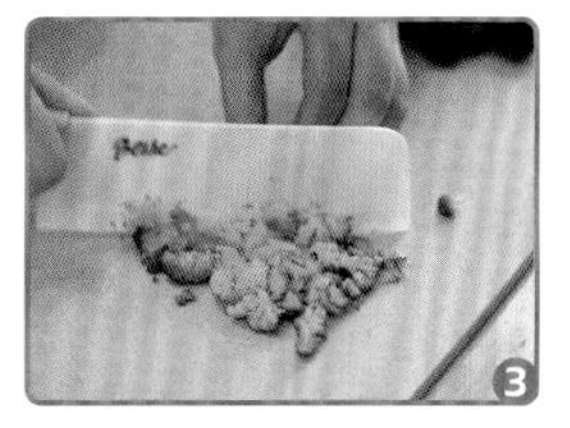

1 牛肉洗净，切小块后打成泥。
2 将玉米粒、胡萝卜丁、青豆焯水沥干。
3 黑木耳、西蓝花汆烫2min，切碎。
4 鸡蛋打散，放入牛肉泥和所有的蔬菜，加盐搅匀。
5 倒入面粉，加入适量的水，调成黏稠的面糊。
6 不粘锅中刷油，分次舀入适量面糊，摊成小饼状，待表面出现小气泡时翻面。
7 将饼煎至两面金黄即可出锅。

**特色点评**

鸡蛋富含卵磷脂、卵黄素，对神经系统和身体发育有利，有助于健脑益智，牛肉富含铁、锌，搭配上各种蔬菜所富含的胡萝卜素、维生素C，有助于调节身体免疫力。

| 面饼 7 道 |

# 银鱼鸡蛋饼

## 食材

银鱼 > 50g
鸡蛋 > 2枚
油菜 > 1棵
面粉 > 20g
盐、油 > 各少许

## 做法

1 油菜洗净，下锅焯软，切碎备用。
2 银鱼下锅焯几秒至变色，迅速捞起。
3 鸡蛋打散，加面粉搅拌均匀。
4 倒入油菜碎、银鱼，加盐调成糊状。
5 不粘锅中加少许油加热，倒入面糊，用小火煎至两面凝固即可。

**特色点评**

银鱼是极富钙质、维生素D，且高蛋白、低脂肪的鱼类，基本没有大鱼刺，适宜孩子食用。搭配鸡蛋、油菜，有助于壮骨健脑。

| 面饼 7 道 |

# 山药鳕鱼饼

## 食材

山药 > 200g
鳕鱼 > 100g
胡萝卜 > 30g
面粉 > 2勺
鸡蛋 > 1枚
生菜 > 几片
盐 > 少许
油 > 适量

## 做法

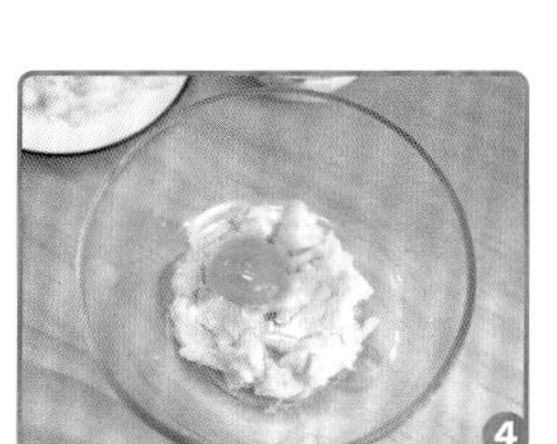

1 山药去皮切段，上锅蒸熟，压成泥。
2 胡萝卜和生菜切碎。
3 鳕鱼去皮剔骨，剁成泥。
4 在山药泥中打入鸡蛋，加胡萝卜碎、生菜碎、鳕鱼泥、盐、面粉。
5 加少许水搅拌均匀，至面糊黏稠即可。
6 少油热锅，少量多次地倒入面糊。
7 用小火煎至两面金黄，关火用余温闷一会儿即可。

**特色点评**

山药富含碳水化合物、硫胺素、核黄素等营养素，还有植物蛋白、氨基酸、多酚氧化酶等成分，具有诱导产生干扰素、增强人体免疫功能的作用。鳕鱼肉质厚实、刺少、味道鲜美，高蛋白，搭配鸡蛋与蔬菜，营养非常全面。

|面饼7道|

# 平底锅迷你比萨

## 食材

| | |
|---|---|
| 面粉 > 150g | 白蘑菇 > 4朵 |
| 酵母 > 2g | 黄彩椒 > 1/2个 |
| 鸡蛋黄 > 1个 | 芝士碎 > 15g |
| 鸡腿肉 > 1块 | 番茄酱、盐、糖、 |
| 洋葱 > 1/2个 | 淀粉、黑胡椒粉、 |
| 胡萝卜 > 1/2根 | 生抽 > 各少许 |

## 做法

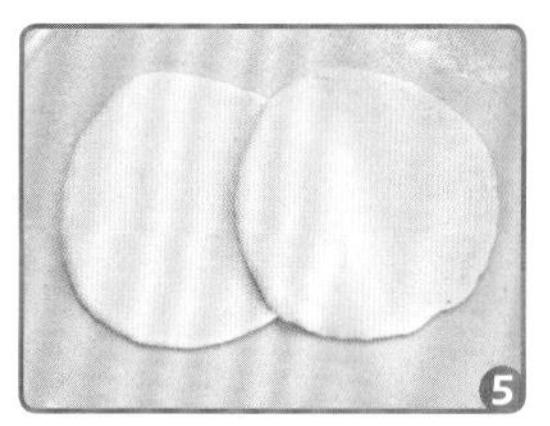

1 面粉中加盐、糖、酵母、鸡蛋黄与适量温水，揉成面团。
2 待面团发酵至两倍大，再揉匀进行二次发酵。
3 将所有蔬菜洗净切好。鸡腿肉切块，加黑胡椒粉、淀粉和生抽腌制。
4 胡萝卜丁和白蘑菇片焯熟，鸡腿肉翻炒至变色。
5 把面团揉匀，擀成直径约10cm的圆面皮，用叉子扎孔。
6 平底锅用小火加热，将面皮稍微烘烤定型。
7 待面皮煎至六七分熟，涂上一层番茄酱。
8 放上各种蔬菜和鸡肉块，撒上少许芝士碎，盖上盖，小火焖熟即可。

特色点评

蛋、肉、菜、面粉的碰撞，不仅色彩艳丽，同时营养互补，一款用心搭配的比萨让食物多样化，营养均衡。

| 面饼 7 道 |

# 平底锅煎饼果子

## 食材

鸡蛋 > 2枚
面粉 > 80g
火腿肠 > 2根
油 > 10ml
生菜、沙拉酱、黑芝麻、葱花、盐 > 各少许

## 做法

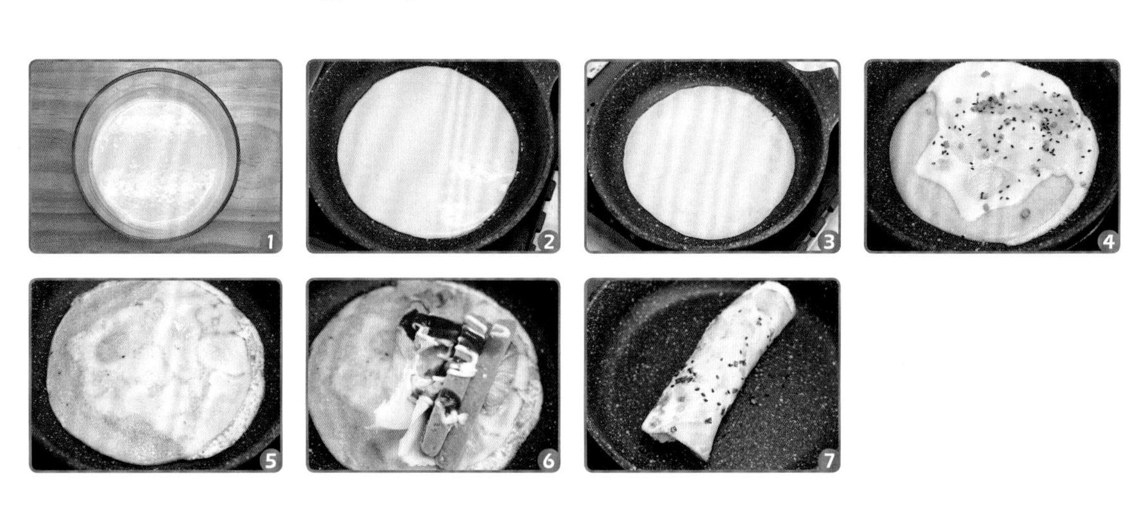

1 面粉中加入适量清水和油，搅成糊状。
2 平底锅刷一薄层油，倒入面糊。
3 转动平底锅，摊开面糊后开小火。
4 待面糊凝固后打入鸡蛋，将鸡蛋戳散，撒上葱花和黑芝麻后转中火。
5 待鸡蛋完全凝固后转小火，翻面煎一会儿。
6 放上生菜和切成两半的火腿肠，挤上沙拉酱。
7 把煎饼卷起定型，再煎一会儿即可。

特色点评

煎饼果子是大人和孩子都非常喜欢的食物，在家做就更安全卫生了，且肉、蛋、菜、面粉、坚果都有，食物种类丰富，再搭配一杯牛奶就更棒了。

宝宝打分

| 薯类 7 道 |

# 风琴土豆

## 食材

土豆 > 3个
火腿 > 20片
黄瓜 > 1根
油 > 1勺
蚝油 > 1勺
葱末 > 适量
孜然粉、椒盐 > 各少许

## 做法

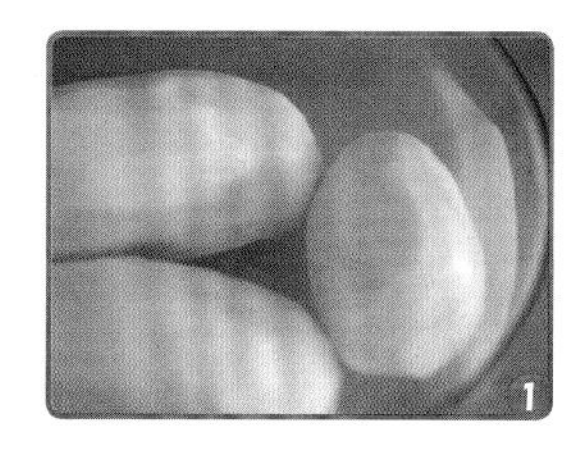


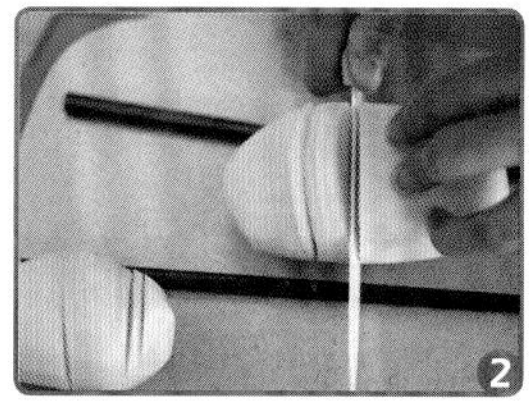

1 土豆去皮、洗净。
2 用筷子垫在土豆两侧，将土豆切片，但是不要切断。
3 土豆放进烤盘，刷上油，撒上孜然粉和椒盐。
4 放进预热200℃的烤箱，烤4min备用。
5 黄瓜切成薄片，和火腿片依次放进土豆片中夹好。
6 在表面刷点油和蚝油调味，再撒上葱末。
7 放进预热200℃的烤箱再烤4min，烤至表面微微金黄，取出即可。

特色点评
土豆这种常见薯类，与火腿和爽口的黄瓜搭配，做出如此精美的造型，相信孩子在欣赏的同时也摄入了丰富的膳食纤维、钾、蛋白质、碳水化合物，让孩子快乐健康成长。
宝宝打分

| 薯类 7 道 |

# 田园土豆碗

## 食材

土豆 > 1个
胡萝卜 > 20g
玉米粒 > 20g
鸡蛋 > 1枚
黄油 > 10g
芝士碎 > 10g
牛奶 > 3勺
香葱、盐、
黑胡椒粉、油 >
各少许

## 做法

1 土豆去皮，切块蒸熟。
2 胡萝卜和香葱洗净，胡萝卜切丁，香葱切碎花。
3 土豆捣成泥，加黄油、盐、黑胡椒粉调味。
4 再加入胡萝卜丁、玉米粒、葱花混合均匀。
5 加入牛奶搅拌均匀。
6 在烤碗里刷一薄层油，将土豆泥装入碗里，打入鸡蛋，再撒上芝士碎。
7 放入预热180℃的烤箱，烤10min即可。

**特色点评**

土豆、胡萝卜、玉米都富含膳食纤维、胡萝卜素，搭配鸡蛋、牛奶，有助于孩子预防便秘，保护呼吸道，预防感冒。

# 蓝莓山药泥

## 食材

山药 › 2根
牛奶 › 50ml
蓝莓酱 › 2勺
蜂蜜 › 1勺
蓝莓 › 1小蝶
盐 › 少许

## 做法

1 将山药洗净去皮，切成段后蒸熟，取出捣成泥。
2 在山药泥中加盐、牛奶搅匀。
3 将山药泥装入裱花袋，在蛋糕盒底部铺一层，放入洗好的蓝莓，再在上面挤出好看的造型。
4 将蓝莓酱加适量水和蜂蜜搅拌均匀。
5 在山药泥上淋上调好的蓝莓酱即可。

特色点评

山药含有黏液蛋白，有健脾止泻，提高免疫能力等功效，胃肠不好的孩子可以常吃点山药，能够助胃肠消化，搭配奶与蓝莓，颜值与口感都提升了。

宝宝打分

| 薯类7道 |

# 双色地瓜圆

## 食材

紫薯 > 300g
红薯 > 300g
地瓜粉 > 300g
木薯粉 > 60g
糖 > 2勺

## 做法

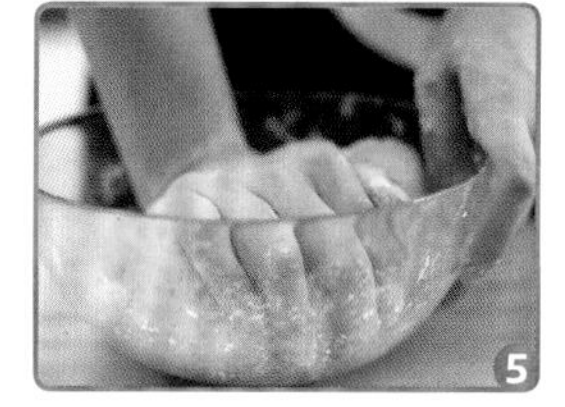

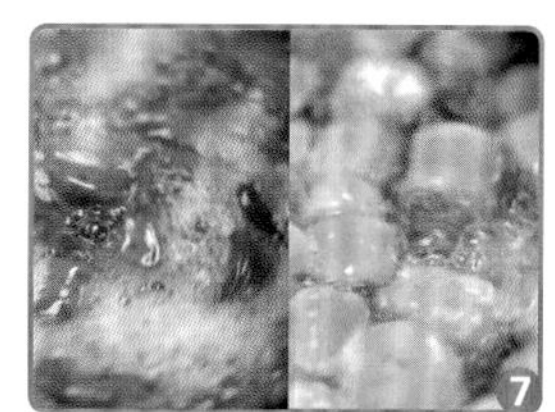

1 红薯、紫薯洗净去皮，分别切块、蒸熟，捣成泥。
2 先做红薯圆。将100克地瓜粉、30克木薯粉倒入盆中。
3 再倒入少量开水，使淀粉呈半干半湿的状态。
4 加入红薯泥、1勺糖，搅拌均匀，揉成面团。
5 边揉边加入50克地瓜粉，揉到面团光滑不粘手。
6 将面团搓成长条，切成小圆柱状。制作紫薯圆重复以上步骤即可。
7 分别用开水煮红薯圆和紫薯圆，大火煮到浮起，继续煮2~3min即可。出锅后可加入火龙果或其他水果，丰富口感。

特色点评
薯类是中国居民平衡膳食宝塔推荐每天都应食用的食物种类，替代部分的精细粮，可获得丰富的膳食纤维、B族维生素，能减少便秘，促进代谢。
宝宝打分

# 紫薯芝麻球

## 食材

紫薯 › 100g
红薯 › 100g
土豆 › 100g
芝麻 › 2勺
葡萄干 › 1小碟
蜂蜜 › 3勺

## 做法

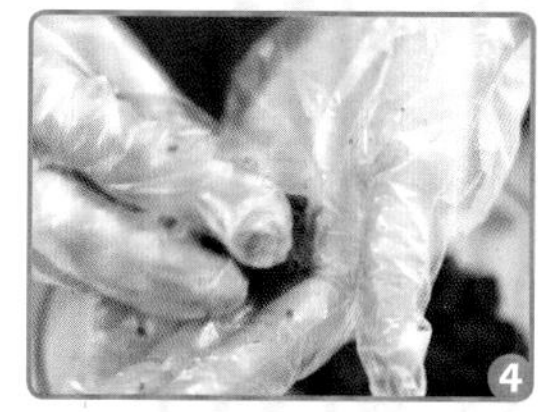

1 葡萄干切碎备用；紫薯、红薯、土豆洗净，带皮切成大块蒸熟。
2 将紫薯、红薯、土豆去皮，分别捣成泥备用。
3 分别在紫薯泥、红薯泥和土豆泥中倒入蜂蜜、葡萄干碎。
4 分别搅拌均匀，揉成小球。
5 在放了芝麻的碗里滚一滚，均匀地裹上芝麻即可。

特色点评
紫薯、红薯、土豆都是常见薯类，搭配在一起，配上坚果与果干，不仅味道香甜，还有助于孩子滋润肠道，滋养大脑。
宝宝打分

| 薯类 7 道 |

# 芝麻红薯脆条

## 食材

红薯 > 150g
低筋面粉 > 150g
黄油 > 80g
糖 > 30g
盐 > 2g
鸡蛋 > 1枚
黑芝麻、白芝麻 > 各适量

## 做法

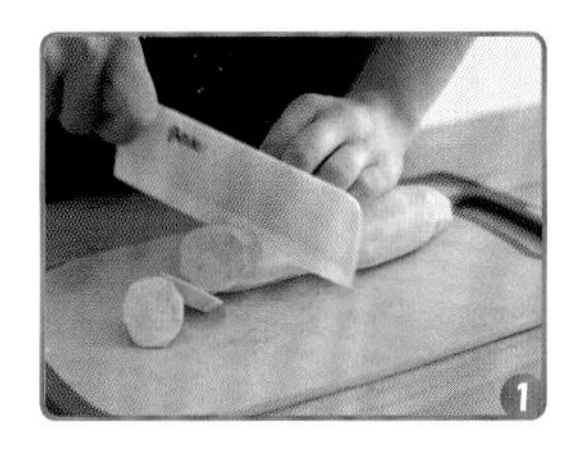

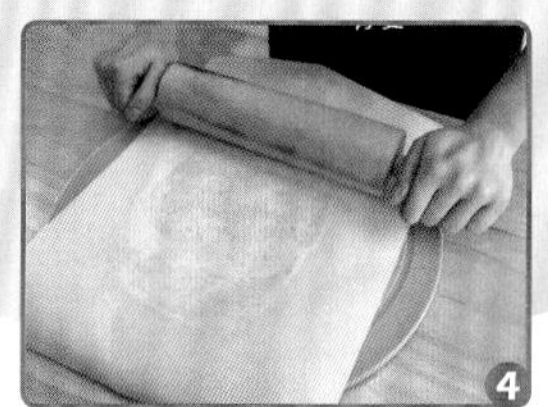

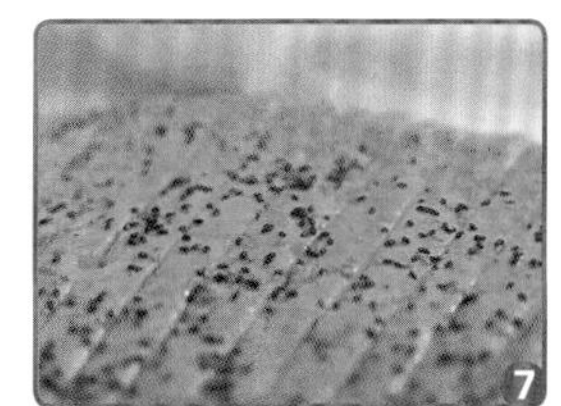

1 红薯去皮切块，蒸熟后捣成泥，放凉备用。
2 黄油切小块，放入低筋面粉中，用叉子混合均匀。
3 倒入红薯泥、糖、盐揉成面团，静置15min。
4 将面团擀成3mm厚的近似长方形的薄片。
5 鸡蛋打散，在薄片表面刷上蛋液，撒上黑芝麻、白芝麻，再切成长条。
6 将长条摆在烘焙纸上，放入预热180℃的烤箱，烤20~25min。
7 烤好后，先留在烤箱，直至薯条变凉变脆即可。

特色点评
红薯富含钾、β-胡萝卜素、叶酸、维生素C和维生素B6，有助于保护心血管和呼吸道。在搭配健脑的鸡蛋、芝麻，营养就更丰富了。
宝宝打分

| 薯类 7 道 |

# 红薯山药千层

## 食材

红薯 > 100g
山药 > 100g
牛奶 > 100ml
鸡蛋 > 2枚
低筋面粉 > 70g
蔓越莓干 > 10g

## 做法

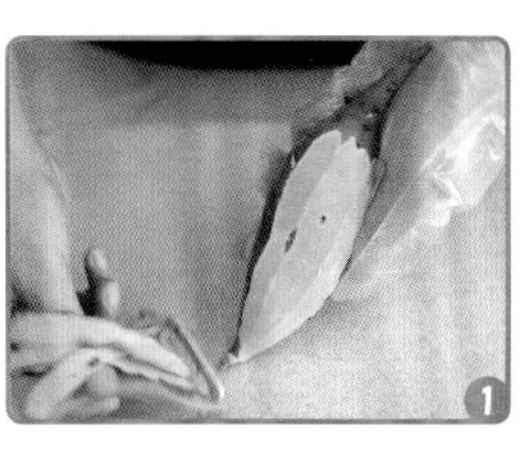

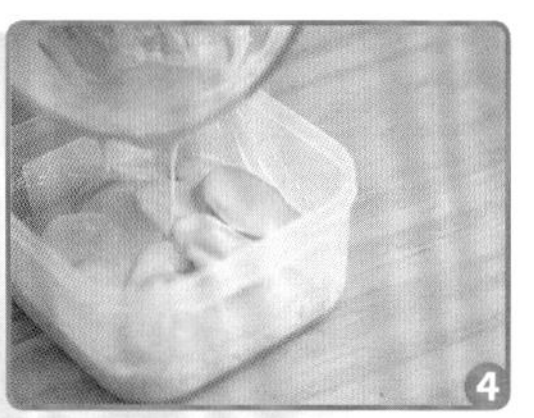

1. 红薯、山药洗净去皮，切薄片。
2. 碗里打入鸡蛋，加入低筋面粉、牛奶搅拌均匀。
3. 加入红薯片和山药片混合均匀。
4. 倒入铺了保鲜膜的容器里。
5. 在表面撒上蔓越莓干，盖上保鲜膜，扎些小孔。
6. 上锅蒸35min后，出锅倒扣脱模，切块即可。

**特色点评**

红薯与山药均含有黏液蛋白，这是一种多糖与蛋白质的混合物，对人休有特殊的保护作用，能保持消化道、呼吸道，润滑关节腔、膜腔，保持血管弹性，提高肌体免疫力。

| 肉类 6 道 |

# 虾蛋球

## 食材

| | |
|---|---|
| 鲜虾 > 24只 | 水 > 150ml |
| 鹌鹑蛋 > 24个 | 玉米粒、油、盐、 |
| 低筋面粉 > 100g | 生抽、胡椒粉 > |
| 玉米淀粉 > 15g | 各少许 |
| 泡打粉 > 3g | 沙拉酱 > 适量 |

## 做法

1

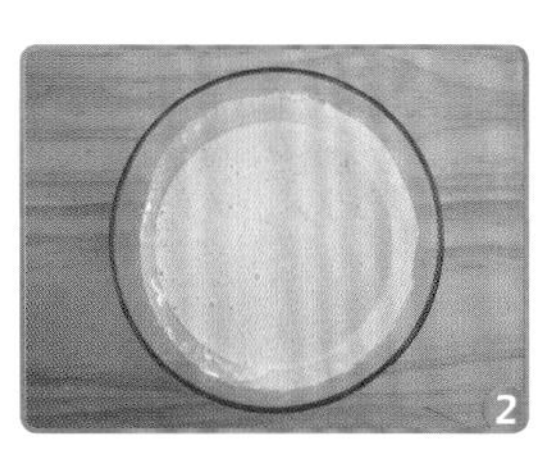

2

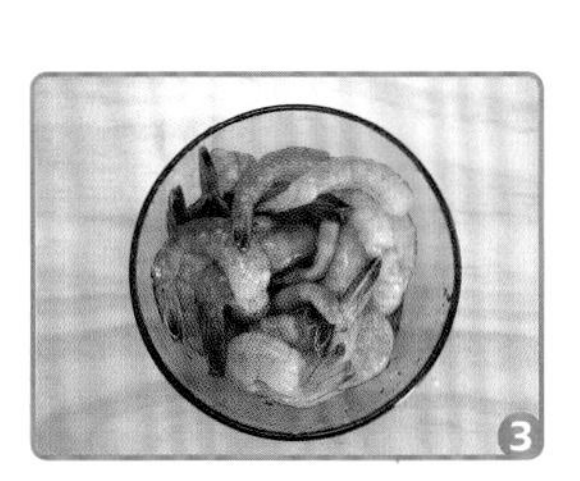

3

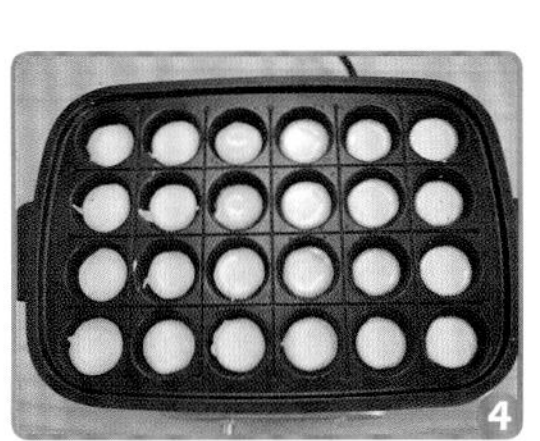

4

5

6

7

1 在低筋面粉中加入泡打粉、玉米淀粉和少许盐。
2 倒入水搅拌调匀，静置10min。
3 鲜虾去壳、去虾线，留虾尾，加油、生抽、胡椒粉抓匀。
4 模具中刷油，将面糊倒至模具三分之一处。
5 把虾仁放在面糊上，再打入鹌鹑蛋，撒上玉米粒。
6 开小火，盖上盖子焖5~10min。
7 烤好后取出，挤少许沙拉酱在成品上即可。

特色点评

虾含有牛磺酸及镁、钙等矿物质，可以保护心血管系统，鹌鹑蛋中的氨基酸种类齐全，含有多种磷脂，核黄素、维生素A等含量也比同质量的鸡蛋高出两倍左右，此搭配非常适合儿童生长发育食用。

| 肉类 6 道 |

# 无油鸡米花

## 食材

鸡胸肉 > 200g
鸡蛋 > 2个
面粉、面包糠、番茄酱 > 各适量
淀粉、盐、孜然粉、黑胡椒粉 > 各少许

## 做法

1 鸡胸肉洗净，切成小块。
2 鸡肉块加盐、孜然粉、黑胡椒粉、淀粉和一个鸡蛋清，搅拌均匀。
3 另一个鸡蛋打散，将鸡块裹上薄薄一层面粉，放入鸡蛋液中。
4 将鸡块依次滚上面包糠定型。
5 烤箱预热160℃，把鸡块放进烤箱烤10~15min。
6 鸡米花烤好后取出，搭配番茄酱食用。

**特色点评**

鸡胸肉富含蛋白质，易于人体吸收利用，增强体力，鸡胸肉、鸡蛋中富含磷脂，这是人体生长发育不可或缺的物质，是孩子膳食结构中脂肪和磷脂的重要来源。

| 肉类 6 道 |

# 芝士焗大虾

## 食材

鲜虾、芝士碎、沙拉酱 › 各适量

黑胡椒粉、盐、西芹碎 › 各少许

## 做法

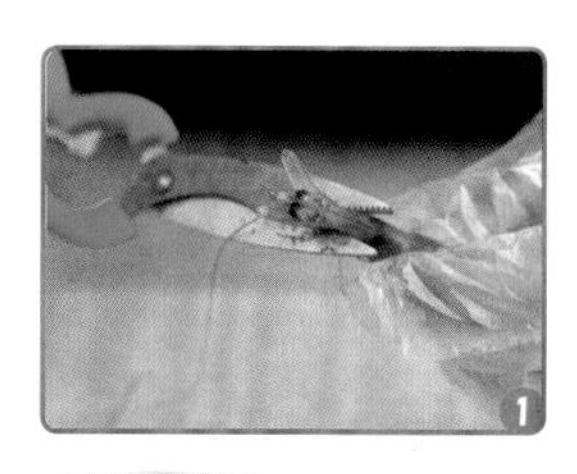

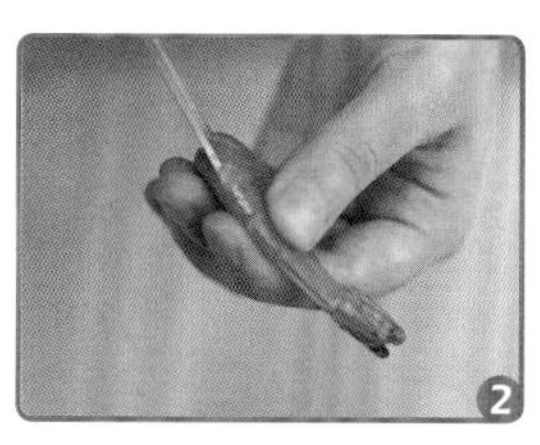

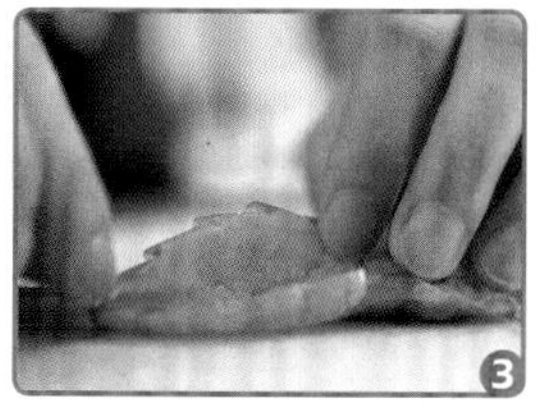

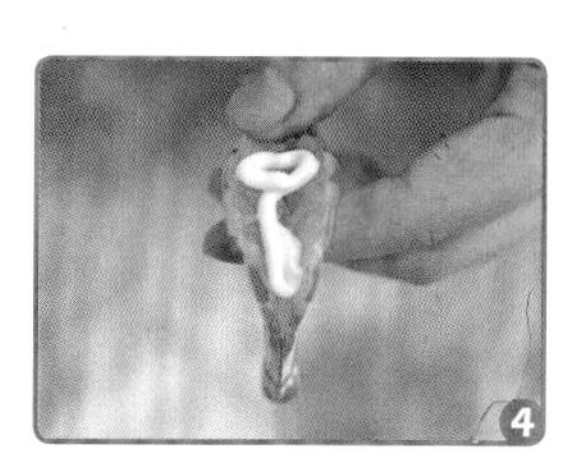

1 鲜虾洗净，剪去头部，挑出虾线。
2 将鲜虾从背部切开，避免切断。
3 在虾背中间均匀涂抹上盐和黑胡椒粉。
4 挤入沙拉酱，再撒上芝士碎。
5 放入预热165℃的烤箱，烤10min。
6 取出，撒上西芹碎，再烤5min。
7 烤至芝士表面略微上色即可。

**特色点评**

鲜虾富含蛋白质、钙、镁、多种维生素，芝士不仅调味，同时也富含蛋白质、钙，此搭配可帮助孩子长个长肌肉。

| 肉类 6 道 |

# 土豆泥鸡肉派

## 食材

鸡胸肉 > 200g
洋葱 > 1/2个
胡萝卜 > 1根
玉米粒 > 50g
青豆 > 50g
土豆 > 2个
牛奶 > 60ml
盐、黑胡椒粉、
欧芹碎、橄榄油 >
各适量

## 做法

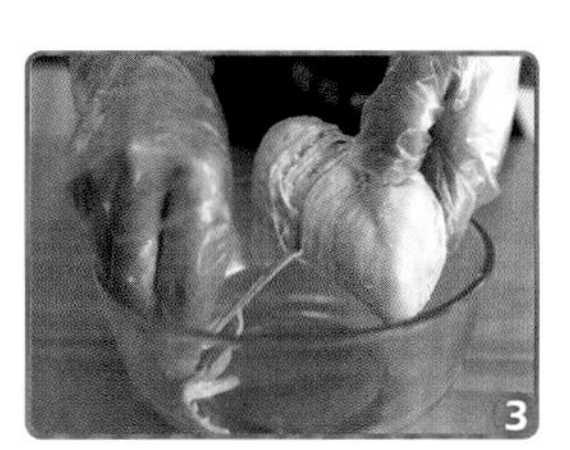

1 洋葱和胡萝卜洗净、切丁。
2 土豆去皮、切块，上锅蒸熟。
3 鸡胸肉煮熟，放凉后沿着纤维撕成条。
4 用橄榄油热锅，倒入洋葱丁和胡萝卜丁翻炒。
5 倒入鸡肉条，加盐、黑胡椒粉和适量水炖煮几分钟，倒入玉米粒和青豆，大火收汁后倒进烤盘。
6 土豆块加牛奶、黑胡椒粉、盐打成土豆泥。
7 将土豆泥铺在烤盘表面。
8 放入预热200℃的烤箱，烤约10min，烤至表面微黄，取出撒些欧芹碎即可。

**特色点评**

鸡肉富含蛋白质、维生素，其消化率高，很容易被人体吸收利用，有增强体力的作用。再搭配奶类、豆类、薯类、蔬菜，就可以做到食物多样化，营养丰富了。

|肉类6道|

# 藜麦虾仁鸡肉卷

## 食材

藜麦 › 2勺
大米 › 1小碗
全麦面包 › 4片
鸡肉 › 100g
虾仁 › 10只
生菜 › 4片
培根 › 3片
生抽、盐、胡椒粉、淀粉、油 › 各少许

## 做法

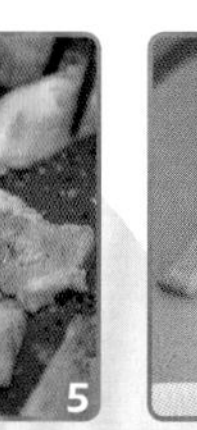
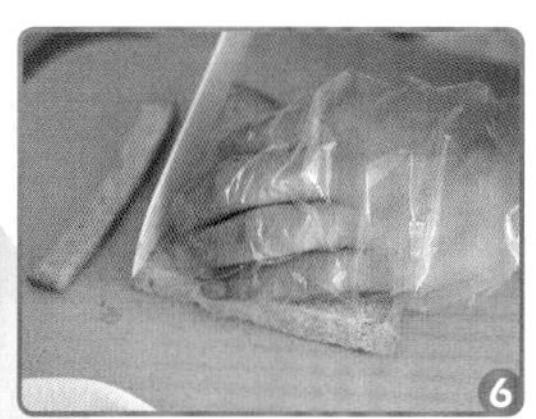

1 将藜麦和大米混合洗净，蒸熟备用。
2 鸡肉切片，用生抽、料酒、盐、胡椒粉、淀粉抓匀腌制。
3 虾仁焯水烫熟后，切小块备用。
4 培根煎熟，切成小条备用。
5 用一点点油煎熟鸡肉片，撕成条备用。
6 切掉面包片的四边，用擀面杖压实擀薄。
7 在面包片上放上培根条、生菜、藜麦饭、虾仁块和鸡肉条卷好即可。

**特色点评**

大家都知道虾仁与鸡肉富含优质蛋白质，而藜麦所含的蛋白质不光数量丰富，同时可以与动物蛋白媲美，搭配蔬菜、粗粮，促进孩子生长发育的同时还能预防便秘。

| 肉类6道 |

# 彩蔬杂菇牛肉卷

## 食材

牛里脊肉 > 200g
香菇 > 3朵
白蘑菇 > 2朵
芦笋 > 4根
胡萝卜 > 1根
芝士片 > 2片
淀粉 > 1勺
料酒、生抽 > 各1勺
盐 > 1/2勺
油 > 少许

## 做法

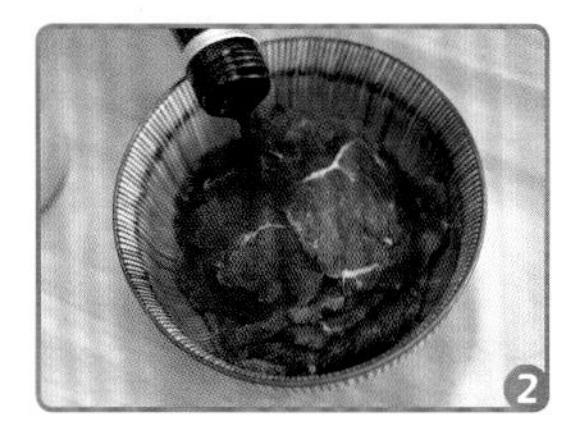

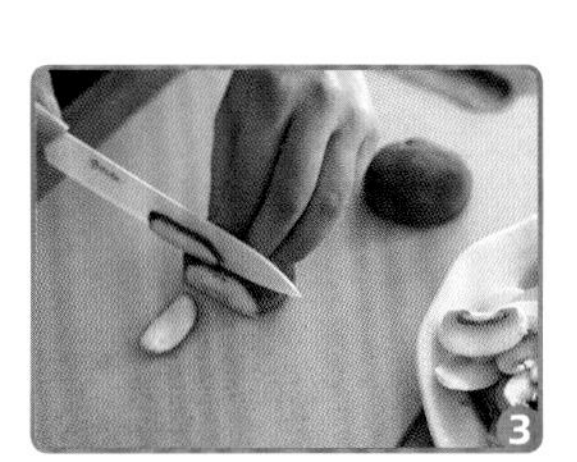

1 把牛里脊肉切成薄片。
2 加料酒、生抽、盐、淀粉抓匀腌制。
3 香菇和白蘑菇切片，芦笋切段，胡萝卜切条，均焯熟备用。
4 用牛肉片卷上芝士片和焯熟的蔬菜。
5 小火少油煎熟即可。

特色点评

铁是造血所必需的元素，而牛肉中富含大量的铁，常食有助于预防缺铁性贫血。香菇、白蘑菇所含的菌多糖还可以帮助孩子增强抗病能力。

| 甜点 8 道 |

# 水果比萨

## 食材

- 鸡蛋 > 2枚
- 面粉 > 40g
- 芝士碎 > 适量
- 火龙果 > 1个
- 芒果 > 1个
- 香蕉 > 1根
- 油 > 少许

## 做法

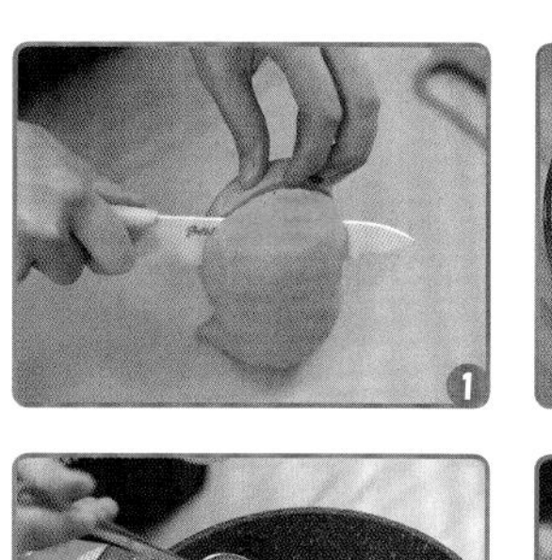

1 香蕉切片，其他水果切丁备用。
2 鸡蛋打散，倒入面粉和适量水，搅成无颗粒的面糊。
3 不粘锅刷少许油，开小火倒入面糊。
4 待面糊微微凝固后，撒上一层芝士碎。
5 均匀地铺上3种水果。
6 再撒上一层芝士碎。
7 盖上锅盖，小火焖至芝士熔化即可。

**特色点评**

鸡蛋富含蛋白质、磷脂、脂溶性维生素，孩子每天要保证摄入一个整鸡蛋，有助于生长发育。搭配几种水果与芝士，口感香甜，润肠通便。

| 甜点 8 道 |

# 牛奶魔方

## 食材

牛奶 › 500ml
玉米淀粉 › 60g
炼乳 › 40g
红心火龙果汁 › 20ml
椰蓉 › 30g

## 做法

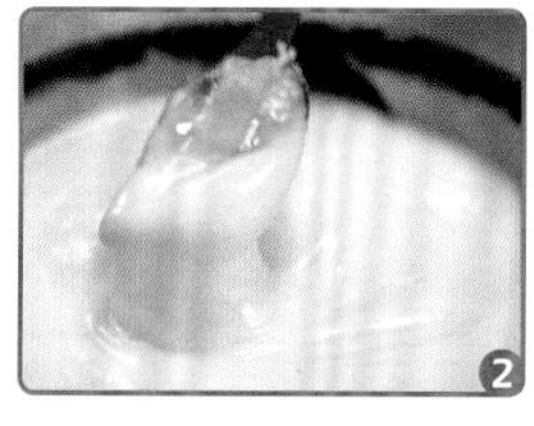

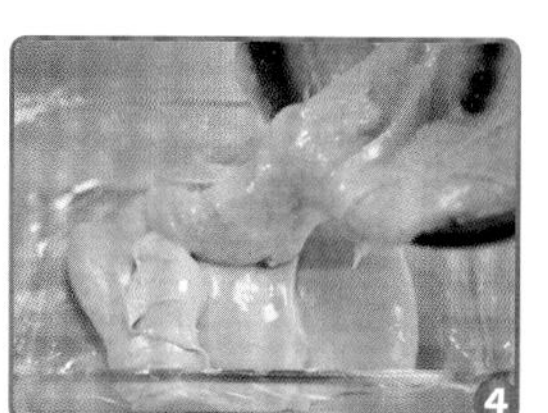

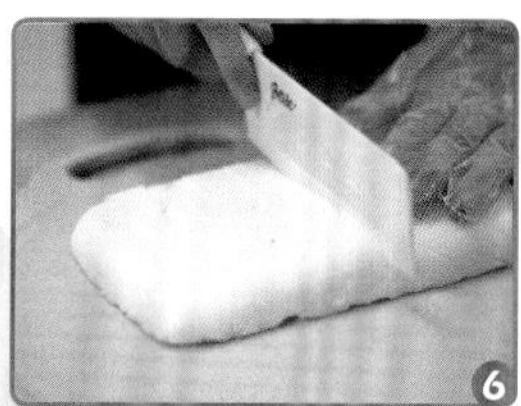

1. 分别取一半的牛奶、玉米淀粉、炼乳，倒入锅中搅匀。
2. 小火加热，边加热边搅拌，至牛奶细腻黏稠即可关火。
3. 模具中垫上保鲜膜，倒入牛奶糊，平铺在模具底部。
4. 另一半的牛奶、玉米淀粉、炼乳，加入红心火龙果汁，依照上述方法做出粉色牛奶糊，倒入另一个模具中。
5. 轻轻震出牛奶糊的气泡，冷藏1h。
6. 待凝固后脱模，揭掉保鲜膜，切成小块。
7. 均匀地裹上椰蓉，用两种颜色的牛奶小方搭成魔方造型即可。

**持色点评**

牛奶含有人体必需的8种氨基酸，奶蛋白质是全价的蛋白质，消化率高达98%。还含有乳糖，可促进人体对钙、铁的吸收，增强胃肠蠕动，促进排泄。因此孩子每天都应该摄入奶及奶制品。

| 甜点 8 道 |

# 芒果雪媚娘

## 食材

糯米粉 > 120g
玉米淀粉 > 30g
牛奶 > 180ml
黄油 > 20g
淡奶油 > 120g
芒果 > 1个
糖 > 10g

## 做法

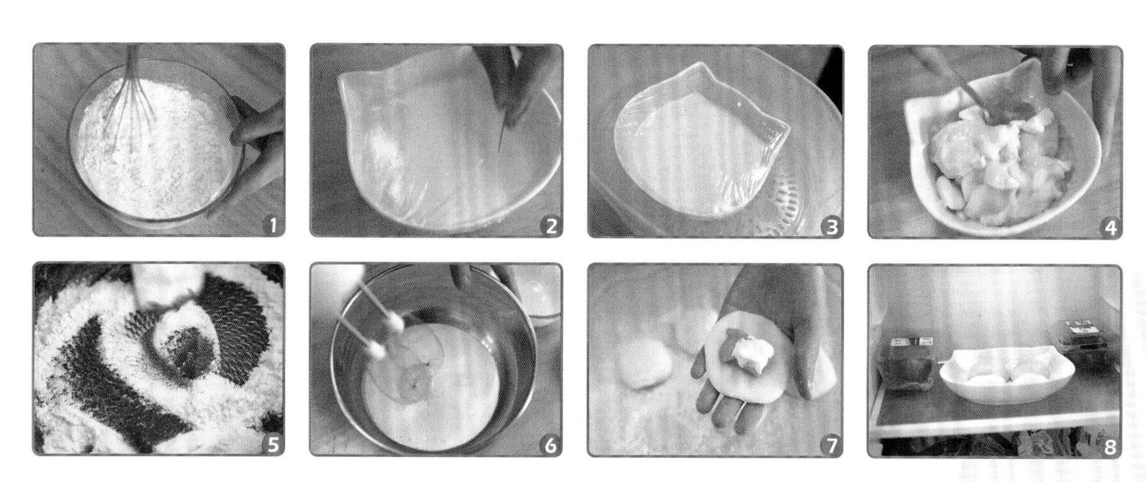

1. 将100g糯米粉和玉米淀粉混合，加牛奶搅拌均匀，制成奶浆。
2. 奶浆过筛后用保鲜膜覆盖，在保鲜膜表面扎些小孔。
3. 水开后，上锅蒸15min，蒸呈半透明状。
4. 趁热加入黄油揉成面团，盖上保鲜膜自然冷却。
5. 取20g糯米粉用小火炒熟，作为防粘粉。
6. 淡奶油加糖打发，制成奶油；芒果切块。
7. 将面团分成小份，擀成薄皮。在薄皮表面撒上防粘粉，放上适量奶油和芒果块。
8. 捏紧收口，放入冰箱冷藏约10min即可。

**特色点评**

此品软糯可口，奶中富含蛋白质、钙、磷、脂类、B族维生素，能促进幼儿大脑发育、强健骨骼。芒果富含胡萝卜素，这种物质可以转化成维生素A，具有保护视力、保护肝脏的功效。

| 甜点 8 道 |

# 原味舒芙蕾

## 食材

鸡蛋 > 2枚
低筋面粉 > 40g
牛奶 > 20ml
糖 > 10g
柠檬汁 > 几滴
蔓越莓干 > 少许

## 做法

1 分离蛋清和蛋黄，蛋黄中倒入牛奶搅拌均匀。
2 筛入低筋面粉，搅拌至无颗粒的糊状。
3 蛋清中加入柠檬汁和糖，打发成蛋白霜。
4 取1/3的蛋白霜加到蛋黄糊中拌匀后，再倒回剩下的蛋白霜中拌匀。
5 不粘锅小火加热，舀入1大勺面糊，锅里加少许清水，盖上盖子焖2min。
6 待其表面凝固后，翻面继续焖1min，至表面上色即可。将剩余面糊依此法做好，用蔓越莓干装饰。

### 特色点评

鸡蛋是人类最好的营养来源之一，鸡蛋中富含维生素、矿物质及高生物价值的蛋白质。鸡蛋还富含磷脂、铁、维生素A，对于促进幼儿生长发育、强壮体质及大脑和神经系统的发育都有好处，力求每天吃一个为宜。

| 甜点 8 道 |

# 酸奶燕麦挞

## 食材

香蕉 > 2根
牛奶 > 25ml
燕麦碎 > 100g
酸奶 > 100g
蓝莓 > 1小碟
猕猴桃丁 > 1小碟
芒果丁 > 1小碟

## 做法

1

2

3

4

5

6

1 香蕉去皮，切片，加入牛奶。
2 再加入燕麦碎抓匀。
3 在模具里均匀涂一层油防粘，将燕麦糊倒入模具中，捏出挞皮的形状。
4 放入预热170℃的烤箱，烤20min左右。
5 挞皮出炉，放凉后脱模。
6 将酸奶倒入燕麦挞皮中，至其三分之一的位置，依次将水果丁加到酸奶表面即可。

**持色点评**

对牛奶乳糖不耐受的孩子可适当选择酸奶，其富含益生菌，利于消化吸收。搭配富含膳食纤维的燕麦与水果，营养丰富，还不用担心把孩子吃胖了。

| 甜点 8 道 |

# 香蕉燕麦派

## 食材

水果燕麦片 > 3勺
鸡蛋 > 1枚
牛奶 > 80ml
香蕉 > 2根
蓝莓 > 6颗

## 做法

1 取1根香蕉压成泥，另一根切片备用。
2 向香蕉泥中加入水果燕麦片和牛奶，浸泡10min。
3 待燕麦片充分吸收牛奶后，打入鸡蛋搅匀。
4 把燕麦糊倒入烤盘，再铺上香蕉片。
5 撒上少许燕麦片（也可加少许坚果碎）。
6 放入预热180℃的烤箱，烤20min，烤至表面微黄，用蓝莓装饰即可。

**特色点评**

燕麦富含铜，铜是人体健康不可缺少的微量营养素，对于血液、中枢神经和免疫系统，头发、皮肤和骨骼及肝、心等内脏的发育和功能有重要影响。鸡蛋、牛奶补充优质蛋白质，香蕉能润肠通便。

| 甜点 8 道 |

# 清甜双果派

## 食材

低筋面粉 > 150g
黄油 > 50g
苹果 > 1个
梨 > 1个
炼乳 > 1勺
玉米淀粉 > 10g
糖 > 10g
盐 > 2g
柠檬汁 > 少许

## 做法

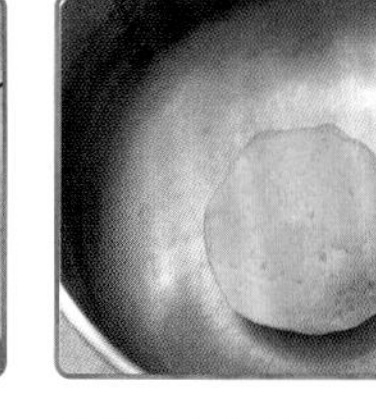

宝宝打分

## 特色点评

苹果不仅含有丰富的糖、维生素和矿物质等大脑必需的营养素，而且富含锌元素，锌是促进生长发育的关键元素。梨中的果胶含量很高，有助于消化、通利大便。梨能祛痰止咳，对咽喉有养护作用。

1 向低筋面粉中加入40g黄油和炼乳，搅拌成絮状。
2 加入适量水，揉成光滑的面团，冷藏15min以上，醒制。
3 苹果和梨去皮、去核，切丁。
4 小火热锅，放入10g黄油和水果丁，倒入用玉米淀粉、糖和水调的水淀粉翻炒。
5 关火后盛出，挤入柠檬汁，加盐混合均匀做成馅料。
6 将醒发好的面团分成大小2份，大份擀成薄片。
7 把薄片铺在模具上，底部扎小孔，倒入馅料。
8 将小份的面团擀薄后切条，在馅料表面编成网格。
9 放入预热200℃的烤箱，烤25~35min即可。

# 酸奶小蛋糕

## 食材

低筋面粉 > 240g
鸡蛋 > 2枚
酸奶 > 240g
黄油 > 80g
糖 > 50g
泡打粉 > 10g
椰子片、水果干、坚果干 > 各少许

## 做法

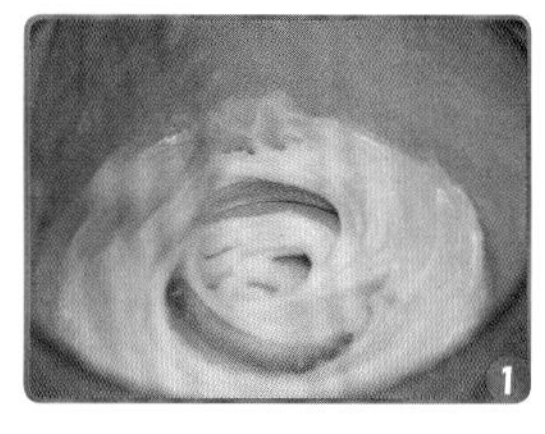
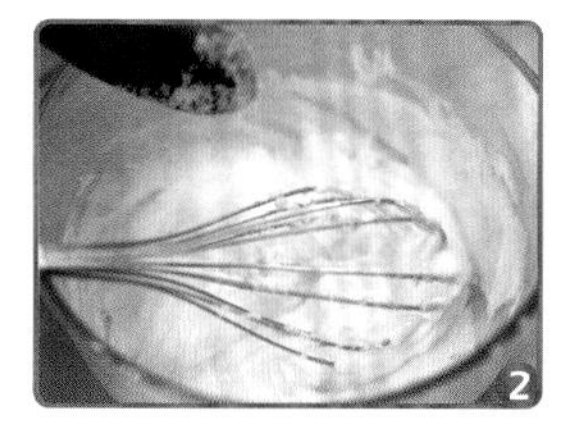

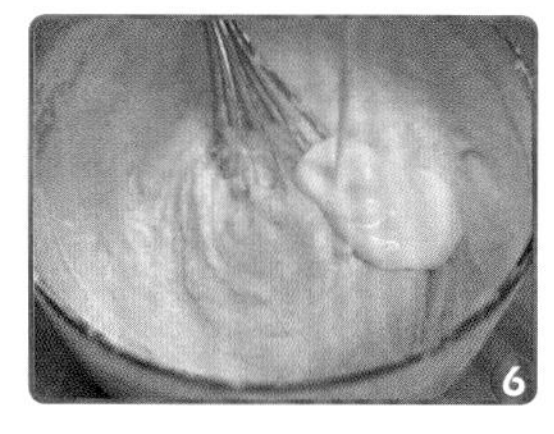

1 黄油在室温下软化，用打蛋器打发至体积膨大。
2 分多次加入糖，打发均匀。
3 再分多次倒入鸡蛋液，打发均匀。
4 加入一半的酸奶拌匀。
5 筛入低筋面粉和泡打粉，搅拌均匀。
6 倒入剩下的酸奶，把面糊搅拌至均匀有光泽。
7 把面糊倒入纸杯中，在表面撒少许椰子片、水果干、坚果干，放入预热165℃的烤箱，烤25min左右即可。

特色点评
鸡蛋黄中的卵磷脂、甘油三酯、胆固醇和卵黄素，对神经系统和身体发育有很大的作用，改善孩子的记忆力。酸奶中的乳酸可以有效地提高钙、磷在人体中的利用率，更利于孩子的吸收。
宝宝打分

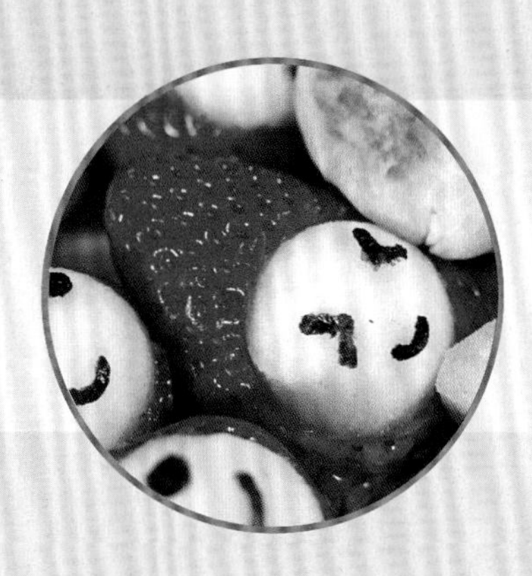

趣味便当

# 汪汪队天天便当

## 食材

米饭 > 1碗
熟蛋黄 > 1颗
肉松 > 1勺
红心火龙果、海苔、黑豆、生菜、虾仁、火腿肠、青豆、草莓、蓝莓 > 各少许
油、酱油 > 各适量

## 做法

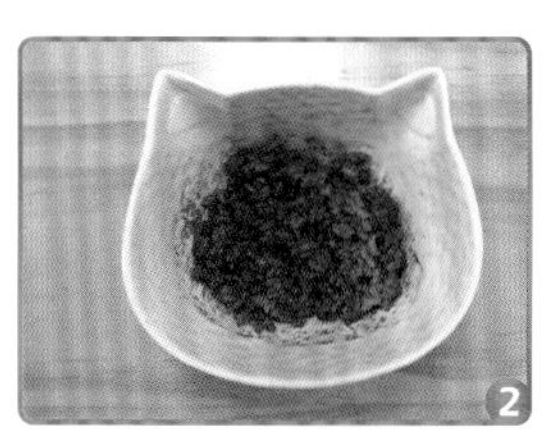

1 将熟蛋黄放入3/4的米饭中，搅拌成黄色米饭。

2 把红心火龙果榨成汁，倒入余下的米饭中，搅拌成红色米饭。

3 将黄色米饭中间包上肉松，捏出小狗脸和耳朵的造型，用海苔和黑豆装饰表情；用红色米饭做成帽子造型。

4 将虾仁、青豆、火腿肠（切花刀）一起下锅焯熟，加油、酱油调味。

5 依次将准备好的食材放入便当盒，做好造型。

**特色点评**

这款便当的食材有米、蛋、肉、虾、豆、蔬菜、水果等，食物品种达到12种，非常符合食物多样化，色彩多样化的饮食搭配原则，营养非常丰富，颜值也很高，相信小朋友一定会喜欢。

# 仙豆糕水果便当

## 食材

紫薯 › 250g
低筋面粉 › 80g
玉米淀粉 › 15g
奶粉 › 10g
鸡蛋液 › 50g
黄油 › 35g
芝士碎 › 10g
炼乳、草莓、猕猴桃、苹果、芒果、海苔、油 › 各适量

## 做法

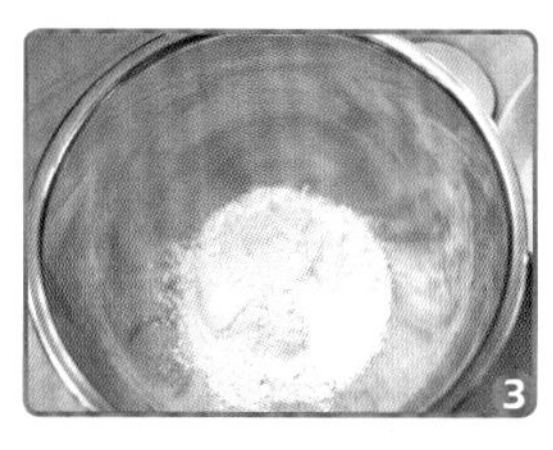

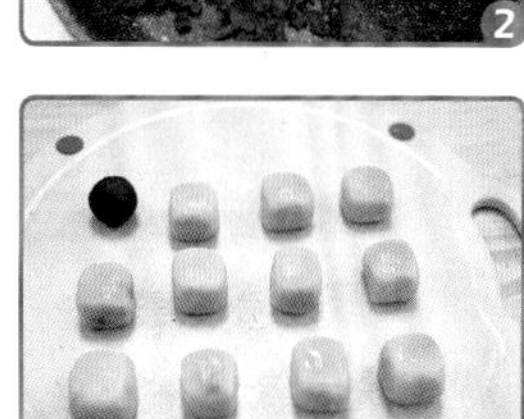

1. 紫薯去皮、蒸熟，捣成泥。
2. 在紫薯泥中加适量炼乳和15g黄油，小火加热，搅匀备用。
3. 将低筋面粉、玉米淀粉、奶粉混合过筛。
4. 倒入鸡蛋液，加20g黄油搅匀，揉成面团，冷藏1h。
5. 紫薯泥包上芝士碎，搓成球。
6. 将冷藏好的面团分成小剂子，包上紫薯球，做成方形。
7. 少油热锅，将方形糕用小火煎至各面金黄后出锅。
8. 草莓中间挖洞，放入苹果球，用海苔做表情；加入切好的猕猴桃和芒果摆盘即可。

**特色点评**

紫薯不仅富含膳食纤维，还富含花青素，对孩子的眼睛、皮肤有保护作用。鸡蛋、牛奶提供优质蛋白质，水果提供丰富的维生素C，这款便当有助提高孩子的免疫力。

# 大牙怪三明治便当

## 食材

吐司 > 1片
芝士 > 1片
火腿 > 1片
鹌鹑蛋 > 4个
蓝莓、黄瓜 > 各少许
小番茄 > 适量

## 做法

1 吐司对半切开，放进烤箱用160℃烤5min。

2 芝士片切成宽度相等的长条。

3 黄瓜切片，蓝莓横向剖开。

4 按吐司片、火腿片、芝士条、吐司片的顺序依次摆放，用黄瓜片和蓝莓做眼睛，组装成大牙怪的造型。

5 鹌鹑蛋煮熟、去壳，做成小鸡的造型，眼睛用芝麻，嘴用小番茄，翅膀用芝士片。

6 摆盘装饰即可。

**特色点评**

这款便当非常可爱有趣，鹌鹑蛋和火腿提供蛋白质、脂肪、磷脂，蓝莓、黄瓜、番茄富含维生素C和膳食纤维，促进体内垃圾排出，为孩子“打扫”内环境。

SOMETHING
Sweet
INSIDE

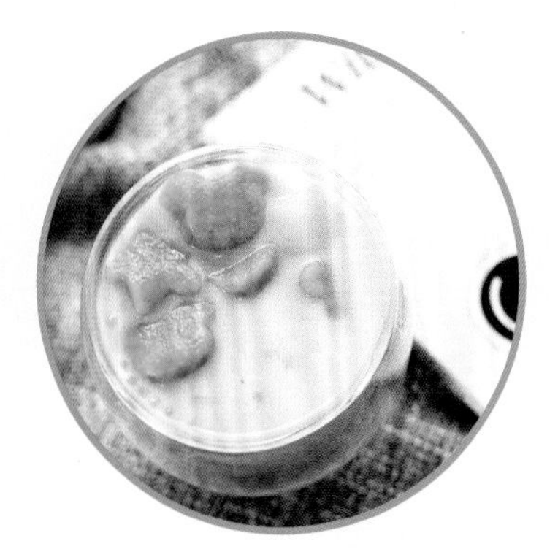

水果
饮品

# 冰糖雪梨

## 食材

雪梨 › 2个
干银耳 › 10g
红枣 › 6颗
冰糖 › 10g
枸杞子 › 少许

## 做法

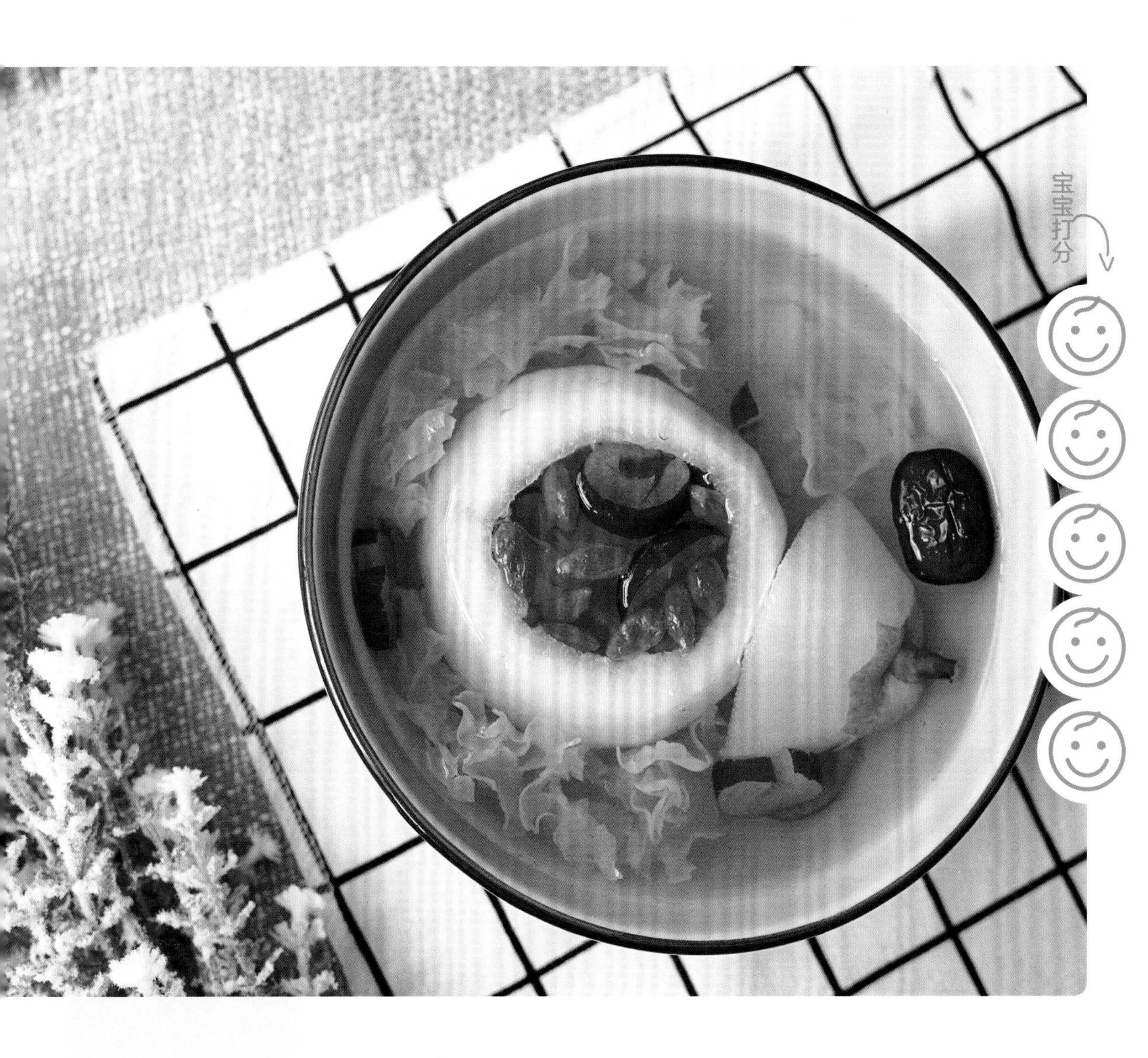


1 雪梨洗净、去皮，切开上半部分，将中间掏空。

2 干银耳泡发，撕成小朵；红枣去核，对半切开或切片。

3 雪梨上蒸锅，中间放入银耳小朵、枸杞子、红枣、冰糖。

4 倒入水，盖上雪梨的上半部分，盖上锅盖，蒸30min即可。

特色点评

梨中含有丰富的B族维生素，能保护心脏，减轻疲劳，所含的配糖体及鞣酸等成分，能祛痰止咳，对咽喉有养护作用，银耳也有助于止咳润肺，红枣可以补血养颜。一款非常适合孩子喝的健康饮品。

# 西瓜多多

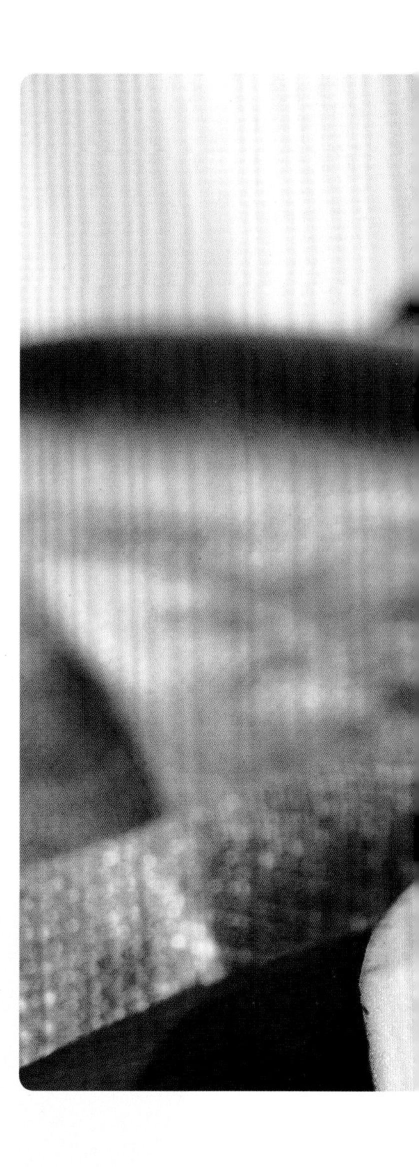

## 食材

西瓜 > 适量
猕猴桃 > 1个
柠檬 > 1个
养乐多 > 1瓶
椰子 > 1个
冰块 > 适量

## 做法

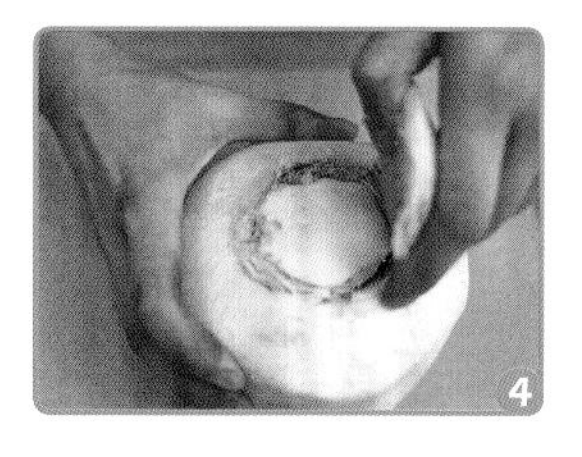

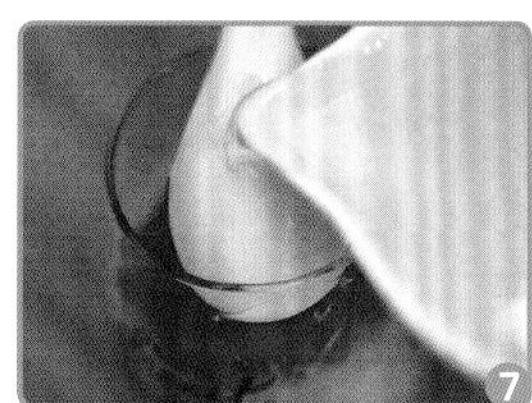

1 西瓜去子，切块。
2 柠檬切片，去籽。
3 猕猴桃去皮，切小块。
4 椰子开口，倒出椰子水备用。
5 将柠檬片放入杯子底部，再加猕猴桃块和冰块。
6 加入西瓜块，至杯子的一半左右。
7 倒入养乐多，再缓缓倒入椰子水，冷藏10min即可，可在杯缘装饰柠檬片。

**特色点评**

水果里富含维生素C、膳食纤维、钾、钙等营养素，养乐多有益生菌，椰子汁还有清凉止咳的功效，集美味与健康于一体的自制饮料。

# 三色奶昔

## 食材

酸奶 > 1碗
红心火龙果 > 2个
西瓜 > 适量
牛奶 > 50ml

## 做法

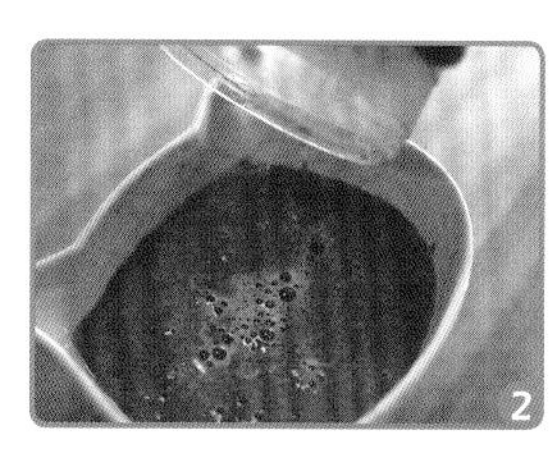

1 西瓜去子，切小块；红心火龙果去皮，切块。
2 分别将西瓜块和红心火龙果块加少许牛奶榨汁。
3 西瓜汁和1/4的酸奶搅匀。
4 火龙果汁也和1/4的酸奶搅匀。
5 杯子保持倾斜，按酸奶、火龙果汁、西瓜汁的顺序慢慢倒入杯中。

**持色点评**

色泽非常悦目，酸奶、牛奶都提供丰富的蛋白质、钙、磷等，红心火龙果与西瓜提供丰富的维生素C、花青素、番茄红素，是一款有助于提高免疫力的饮品。

# 亲子蜜桃饮

## 食材

桃子 > 2个
养乐多 > 2瓶
雪碧 > 1瓶
冰糖 > 20g
柠檬 > 1个
糖 > 少许

## 做法

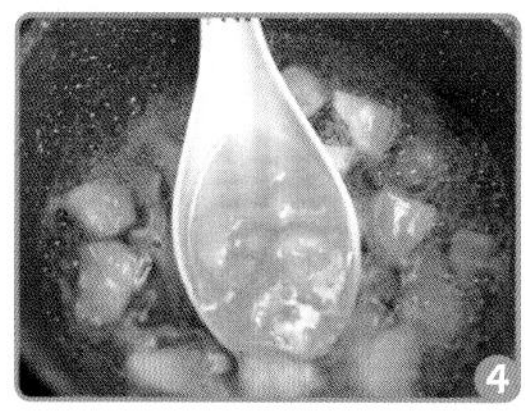

### 粉红桃子气泡水

1 桃子洗净、去皮，切块，桃子皮备用。
2 将一半的桃子果肉加糖腌制，冷藏2h。
3 在腌好的桃子果肉和桃子皮放入水中，挤入柠檬汁，用中小火煮沸。
4 待水煮至粉红色、桃子皮颜色变浅、果肉变软后关火。
5 滤出桃子水，放凉备用。
6 加入适量雪碧和桃子果肉即可。可装饰柠檬片和薄荷叶，也可加入冰块。

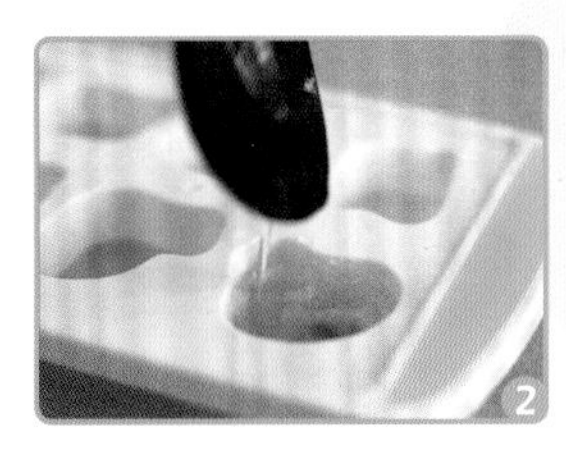

## 蜜桃优格

1. 锅中倒入水，加入另一半桃子果肉和冰糖，小火熬煮5min，煮至果肉呈半透明状态。
2. 把煮好的桃子水和果肉倒进冰格，冻成冰块。
3. 取几块桃子冰块放入杯中。
4. 加入养乐多即可。可装饰柠檬片、桃子果肉和薄荷叶。

# 缤纷思慕雪

## 食材

牛油果 > 1个
香蕉 > 1根
草莓 > 3颗
酸奶 > 1盒
牛奶 > 150ml
燕麦片 > 3勺
蜂蜜 > 适量
蓝莓 > 少许

## 做法

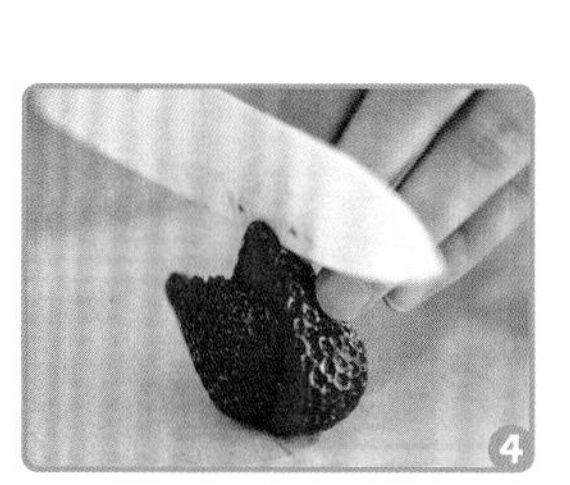
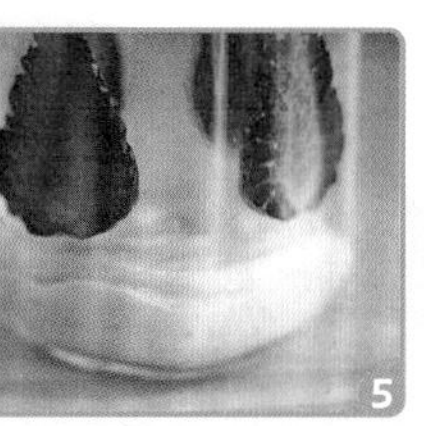

1 香蕉去皮，切块；牛油果取出果肉，切块。
2 把香蕉块、牛油果块、酸奶和蜂蜜倒入料理机，打成奶昔。
3 燕麦片加牛奶冲泡，让牛奶稍微没过燕麦片。
4 草莓切成薄片，围着杯壁贴一圈。
5 倒入一部分牛油果香蕉奶昔到杯子里。
6 用长勺把泡好的牛奶燕麦舀进杯子。
7 再倒入剩下的牛油果香蕉奶昔，装饰草莓和蓝莓即可。

**特色点评**

非常惊艳的缤纷思慕雪，酸奶能够为生命活动提供能量，比纯牛奶更容易吸收，饭后饮用还可以助消化。牛油果含有大量的不饱和脂肪酸，香蕉和草莓富含钾、维生素C，此款饮品有健胃清肠的作用。

# 米奇西米芒芒

## 食材

西米 > 30g
糯米粉 > 50g
南瓜块 > 100g
芒果块、椰汁 > 各适量

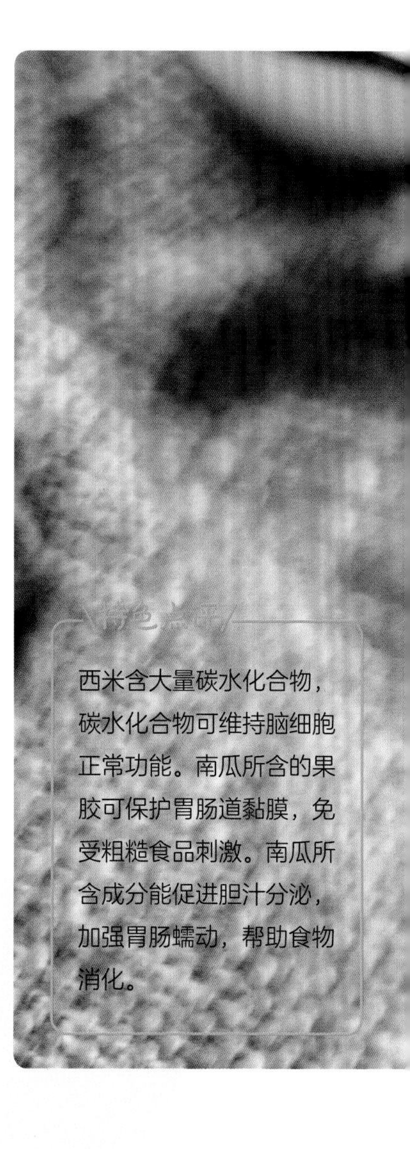

特色点评

西米含大量碳水化合物，碳水化合物可维持脑细胞正常功能。南瓜所含的果胶可保护胃肠道黏膜，免受粗糙食品刺激。南瓜所含成分能促进胆汁分泌，加强胃肠蠕动，帮助食物消化。

## 做法

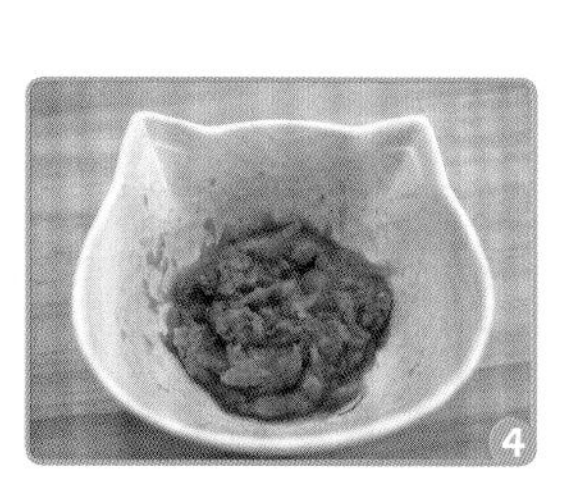
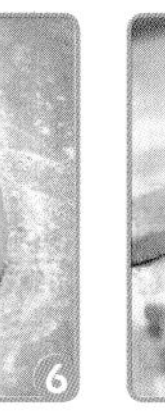

1 西米下入沸水锅中，边煮边用勺子搅拌，大火煮15min。
2 将西米煮至只剩下中间白点时关火，盖上锅盖闷5min。
3 待西米完全透明后，过两遍水备用。
4 南瓜块上锅蒸10min，取出捣成南瓜泥。取50g糯米粉倒入南瓜泥中，和成黄面团。
5 另外50g糯米粉，加水和成白面团。
6 将黄面团擀成1cm厚的面饼。
7 在砧板上撒少许糯米粉防止粘连，用模具压出不同造型的糯米丸子。将白面团也依法做好。
8 水沸腾后下糯米丸子，待其浮起后再煮3min出锅。
9 在杯子中依次加入芒果块、西米、糯米丸子和椰汁即可。

节日
美食

# 水晶饺子

## 食材

高筋面粉 › 160g
土豆淀粉 › 80g
猪肉 › 100g
胡萝卜 › 1/2根
生抽 › 1勺
料酒 › 1勺
蚝油 › 1勺
盐 › 1/2勺
玉米粒、葱、姜 › 各适量
五香粉、淀粉 › 各少许

## 做法

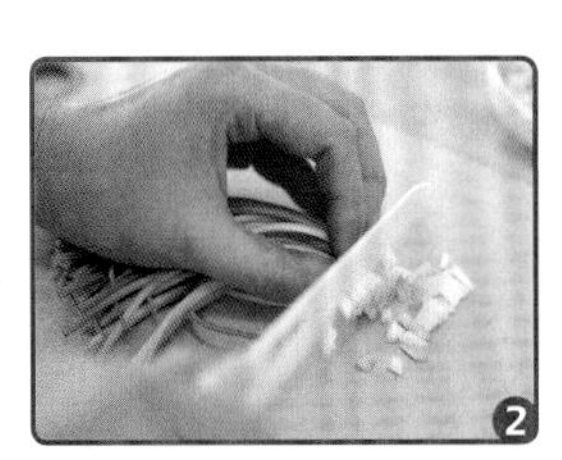

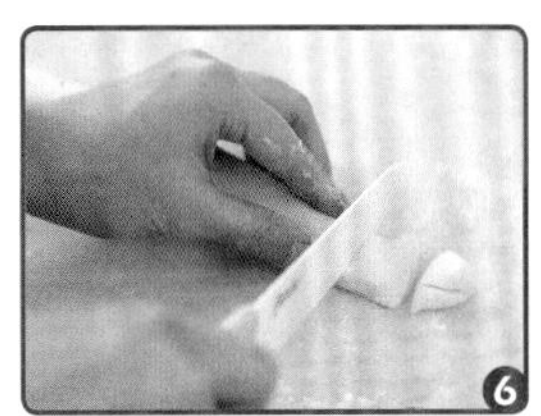
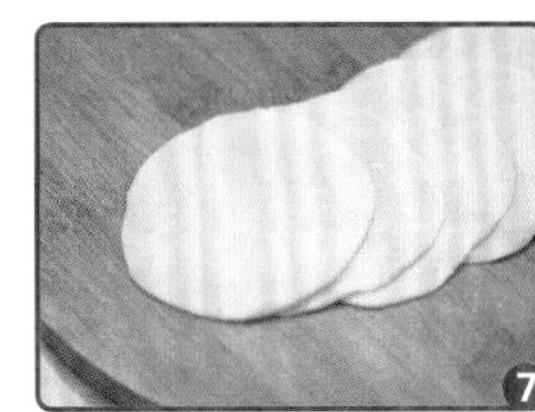
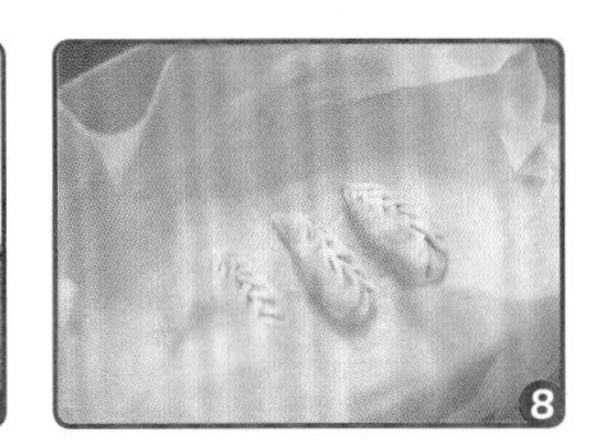

1 将猪肉打成肉末。
2 胡萝卜去皮，切碎；葱、姜切成末。
3 肉末中加姜末、料酒、蚝油、五香粉，搅打至上劲。
4 再加胡萝卜碎、葱末、玉米粒、生抽、盐，搅拌成肉馅。
5 将高筋面粉和土豆淀粉混合，加少许盐搅拌均匀，分次倒入滚烫的开水，和面。
6 将面团揉至光滑细腻，搓成长条，分成小剂子。
7 将小剂子擀成薄厚均匀的饺子皮。
8 将肉馅放在饺子皮中，包成饺子。在蒸笼上垫一张油纸，热水上蒸锅，蒸10min即可。

**特色点评**

面粉中的碳水化合物、纤维素和维生素含量比较丰富，而蛋白质和脂肪含量也比较适中。猪肉富含蛋白质、铁，胡萝卜里富含的胡萝卜素，可有助于保护孩子的胃黏膜、呼吸道黏膜。

# 玉米鸡肉饺

## 食材

鸡胸肉 > 150g
马蹄 > 80g
甜玉米粒 > 60g
鸡蛋 > 1枚
饺子皮 > 适量
盐、油 > 各少许

## 做法

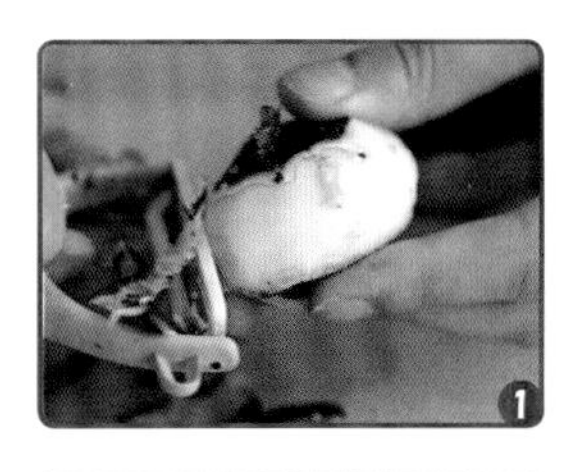

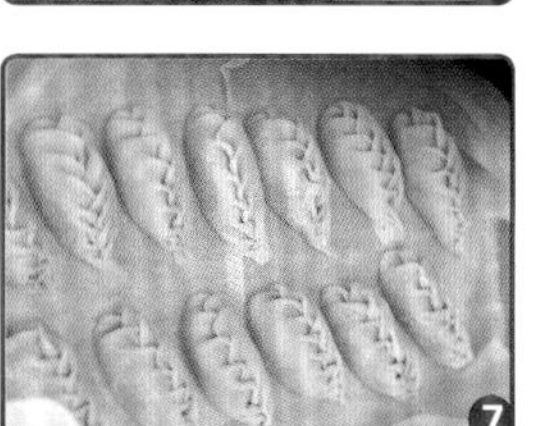

1 马蹄洗净，去皮。
2 将马蹄切成丁备用。
3 鸡胸肉去筋膜，切成小块。
4 将鸡胸肉块倒入料理机，加鸡蛋打成泥。
5 向鸡肉泥中倒入甜玉米粒和马蹄丁，加盐和油搅匀。
6 在饺子皮边沾点水，包上肉馅。
7 将包好的饺子上蒸锅蒸15min即可。

\特色点评/

鸡胸肉、鸡蛋能为孩子提供优质蛋白质、脂溶性维生素，有助于提高孩子的抵抗力。玉米富含膳食纤维，马蹄含有粗蛋白、粗脂肪、淀粉，可以促进大肠的蠕动，起到润肠通便，预防和缓解便秘的作用。

# 粽子小馒头

## 食材

中筋面粉 > 300g
牛奶 > 80ml
糖 > 15g
酵母 > 2g
红心火龙果 > 20g
菠菜叶 > 50g
海苔 > 适量

## 做法

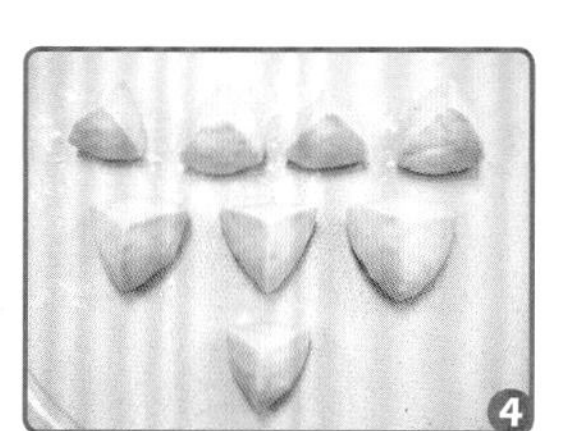

1 红心火龙果取果肉，菠菜叶洗净，分别榨汁备用。
2 将酵母和糖倒入中筋面粉中混合均匀，按3∶2∶1的比例分成3份。
3 分别加入牛奶、菠菜汁、红心火龙果汁，揉成白色、绿色、红色面团。
4 取白色面团分成小剂子，捏成立体的三角形。
5 取绿色面团擀成长片，一面压出纹路，做成叶子的造型。
6 将叶子贴在立体三角形的面团上。
7 用红色面团做蝴蝶结等装饰，用海苔做表情，静置发酵至1.5倍大。冷水上锅，蒸10~15min，关火再闷5min后取出。

### 特色点评

这款粽子小馒头造型非常可爱，面粉富含蛋白质、碳水化合物、维生素和钙、铁、磷、钾、镁等矿物质，有健脾厚肠的功效。牛奶富含维生素A，可以防止皮肤干燥。

# 玉兔烧果子

## 食材

炼乳 > 100g
蛋黄 > 13g
低筋面粉 > 100g
泡打粉 > 3g
紫薯 > 100g
黄油 > 10g
牛奶 > 少许

## 做法

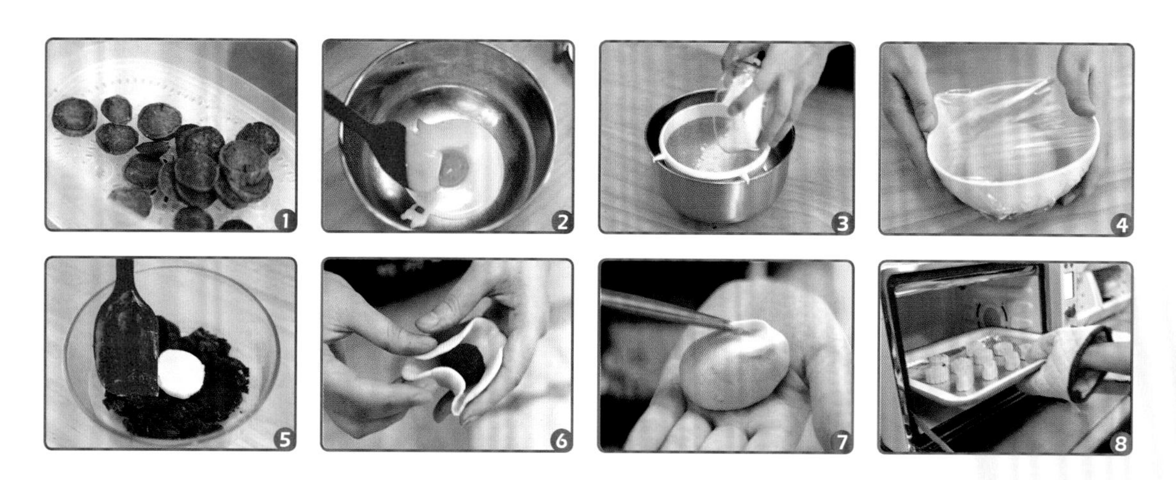

1 紫薯去皮、切块，上锅蒸熟。
2 将蛋黄和炼乳倒入容器中，搅拌均匀。
3 往容器里筛入低筋面粉，加泡打粉，揉成面团。
4 面团盖上保鲜膜，冷藏30min。
5 紫薯块中加黄油和牛奶捣成泥，搓成球。
6 取出冷藏好的面团，擀成圆皮，再包上紫薯球。
7 先做成前窄后宽的椭圆形，再捏出兔子耳朵，剪开后半部分。
8 放入预热160℃的烤箱中，烤15min，至其变成金黄色即可。

**特色点评**

炼乳是一种奶制品，用鲜牛奶或羊奶经过消毒杀菌浓缩制成。炼乳中含有蛋白质、脂肪、矿物质、维生素等，可为身体补充能量，对于视力和皮肤有好处，炼乳还可以为孩子补充钙质；紫薯可润肠通便。

# 紫薯水晶汤圆

## 食材

紫薯 > 2个
木薯粉 > 200g
牛奶 > 30ml
糖 > 20g

## 做法

1 少量多次地往木薯粉中倒入开水，边倒边搅拌成絮状。
2 把木薯粉揉成光滑的面团，盖上保鲜膜醒20min。
3 紫薯洗净切块，蒸熟后去皮，捣成泥，加入适量的牛奶和糖搅拌均匀。
4 把搅拌好的紫薯泥搓成一颗颗紫薯球备用。
5 将醒发好的木薯团，分成小剂子，擀成薄片。
6 将紫薯球包进木薯薄片里，搓成汤圆。
7 水开后下汤圆，用中火煮至汤圆全部浮起，关火闷几分钟即可。

特色点评
很绚丽的汤圆，肯定会吸引孩子。紫薯富含纤维素，可保持大便畅通，改善消化道环境，防止胃肠道疾病的发生。紫薯含有大量黏液蛋白，提高机体免疫力。木薯粉不仅富含膳食纤维，同时含微量元素锌，它既能营养脑神经又能促进脑细胞再生，还能促进孩子的食欲。
宝宝打分